云南全面建成小康社会研究丛书

云南农村干旱治理研究

崔江红　著

中国书籍出版社
China Book Press

图书在版编目（CIP）数据

云南农村干旱治理研究／崔江红著．—北京：中国书籍出版社，
2015.11
（云南全面建成小康社会研究丛书）
ISBN 978-7-5068-5278-4

Ⅰ．①云… Ⅱ．①崔… Ⅲ．①农村-干旱-治理-研究-云南省
Ⅳ．①P426.615

中国版本图书馆 CIP 数据核字（2015）第 267300 号

云南农村干旱治理研究

崔江红 著

责任编辑	李　新
责任印制	孙马飞　马　芝
封面设计	嘉玮伟业
出版发行	中国书籍出版社
地　　址	北京市丰台区三路居路 97 号（邮编：100073）
电　　话	（010）52257143（总编室）　　（010）52257153（发行部）
电子邮箱	chinabp@vip.sina.com
经　　销	全国新华书店
印　　刷	三河市顺兴印务有限公司
开　　本	710 毫米×1000 毫米　1/16
字　　数	185 千字
印　　张	14
版　　次	2015 年 11 月第 1 版　2015 年 11 月第 1 次印刷
书　　号	ISBN 978-7-5068-5278-4
定　　价	32.00 元

版权所有　翻印必究

《云南全面建成小康社会研究丛书》编纂委员会

主　　任： 李　涛　任　佳
副 主 任： 杨福泉　边明社　王文成　杨正权
委　　员：（按姓氏笔画排序）

王文成　王清华　孔建勋　边明社
任　佳　任仕暄　毕先弟　李　涛
李向春　李晓玲　杜　娟　纳文汇
张战边　杨　炼　杨正权　杨福泉
林洪根　陈利君　郑宝华　郑晓云
姚天祥　秦　伟　康云海　黄小军
郭家骥　萧霁虹　董　棣　樊　坚

执行编辑： 郑晓云　李向春　马　勇　袁春生

目 录

第一章 导论 …………………………………………………（1）
  一、选题缘起 …………………………………………………（1）
  二、干旱与干旱治理 …………………………………………（3）
    （一）干旱与抗旱 …………………………………………（3）
    （二）干旱治理 ……………………………………………（4）
  三、研究现状 …………………………………………………（7）
    （一）干旱研究 ……………………………………………（7）
    （二）农村水利研究 ………………………………………（10）
  四、研究视角 …………………………………………………（19）
    （一）治理研究视角 ………………………………………（19）
    （二）城乡一体化研究视角 ………………………………（21）
    （三）社会公平研究视角 …………………………………（22）
  五、研究框架及内容 …………………………………………（24）

第二章 云南农村干旱发生情况 …………………………（29）
  一、水资源占有变化及干旱特征 ……………………………（29）
    （一）21世纪以来水资源占有减少趋势明显 ……（29）
    （二）21世纪以来各降雨区干旱化趋势明显 ……（36）
    （三）干旱的特征 …………………………………………（39）
  二、干旱的原因 ………………………………………………（40）
    （一）气候与生态变化导致干旱 …………………………（40）

（二）水利基础设施薄弱与水资源利用率低加剧干旱
………………………………………………………………（41）
　　（三）经济社会发展战略加剧干旱 ……………（43）
　　（四）人口增长与结构变化加剧干旱 …………（46）
　　（五）水资源管理收益不明确加剧干旱 ………（48）
　三、干旱的影响 …………………………………………（52）
　　（一）对农村经济方面的影响 …………………（52）
　　（二）对农村社会方面的影响 …………………（54）
　　（三）对森林生态及林产业方面的影响 ………（55）

第三章　投资机制与干旱治理 …………………………（58）
　一、云南农村水利投资实践 ……………………………（58）
　　（一）积极发挥政府的投资主导作用 …………（58）
　　（二）积极调动农民的基本投资主体作用 ……（64）
　　（三）积极发挥社会力量的投资协作功能 ……（69）
　二、投资机制存在的问题 ………………………………（72）
　　（一）抗旱投入不足 ……………………………（72）
　　（二）政府激励补助机制不完善 ………………（73）
　　（三）农民投资激励机制不完善 ………………（77）
　　（四）城乡水利建设投资不均衡 ………………（83）
　　（五）城乡居民水利投资模式倒挂 ……………（85）
　三、完善投资机制的几点思考 …………………………（86）
　　（一）加大抗旱投入 ……………………………（86）
　　（二）改善政府投资结构 ………………………（87）
　　（三）完善农民投资激励机制 …………………（89）
　　（四）完善农民投资收益保障机制 ……………（90）
　　（五）完善城乡、工农共担的投资机制 ………（91）

第四章　基础设施与干旱治理 …………………………（93）
　一、基础设施建设实践 …………………………………（93）

（一）加快"五小水利"建设步伐 …………………（93）
　　（二）加快大中型水利基础设施建设步伐 …………（96）
　　（三）大力推进农田水利建设 ………………………（98）
　　（四）加大水利工程修复力度 ………………………（102）
　　（五）加大饮水工程建设力度 ………………………（104）
二、基础设施建设存在的问题 ……………………………（107）
　　（一）一体化程度低 …………………………………（107）
　　（二）基础设施建设与经济社会发展不匹配 ………（109）
　　（三）柔性水利设施建设不足 ………………………（111）
　　（四）云水资源开发利用设施建设不足 ……………（113）
三、加快水利基础设施建设的思考 ………………………（113）
　　（一）探索和推进水利基础设施建设一体化战略 ……
　　　　　……………………………………………………（113）
　　（二）推进水利基础设施与经济社会协调发展战略
　　　　　……………………………………………………（114）
　　（三）进一步加快水利基础设施建设 ………………（116）
　　（四）加大云水资源开发利用基础设施建设力度 ……
　　　　　……………………………………………………（117）

第五章　服务体系建设与干旱治理 ……………………（118）
一、水利管理服务机制探索 ………………………………（118）
　　（一）推进水资源管理改革 …………………………（118）
　　（二）推进水务一体化管理改革 ……………………（119）
　　（三）推进小型水利管理体制改革 …………………（121）
　　（四）加强社会化服务机制建设 ……………………（124）
二、抗旱服务机制建设 ……………………………………（126）
　　（一）加强组织领导，动员全社会参与抗旱 ………（126）
　　（二）建立挂钩包村、包片服务制度 ………………（127）
　　（三）建立水资源分类使用制度 ……………………（129）

（四）加强水资源开发利用与调度管理 …………（130）
　　（五）积极提供分类抗旱服务 ……………………（133）
　　（六）加强节水型社会建设 ………………………（136）
三、管理服务体系存在的问题 ………………………（137）
　　（一）服务机制不完善 ……………………………（137）
　　（二）水务一体化管理机制建设仍然滞后 ………（138）
　　（三）农民抗旱自救服务不足 ……………………（138）
　　（四）干旱应急保障机制不健全 …………………（139）
　　（五）抗旱物资、人才储备不足 …………………（140）
四、完善服务体系的思考 ……………………………（140）
　　（一）完善干旱服务机制 …………………………（141）
　　（二）完善农民抗旱自救服务体系 ………………（141）
　　（三）加强物资、人才保障能力建设 ……………（142）
　　（四）完善干旱应急保障机制 ……………………（143）

第六章　农业生产与干旱治理 ………………………（144）
一、农业生产与干旱 …………………………………（144）
　　（一）农业用水与农村干旱 ………………………（144）
　　（二）农业产业结构与农村干旱 …………………（146）
　　（三）农业生产技术与农村干旱 …………………（148）
二、云南推进农业抗旱的实践 ………………………（150）
　　（一）推广节水灌溉技术 …………………………（150）
　　（二）推广节水耕作技术 …………………………（151）
　　（三）多举措确保农业增效 ………………………（152）
三、农业抗旱存在的问题 ……………………………（153）
　　（一）抗旱投入不足 ………………………………（154）
　　（二）经营粗放，耗水严重 ………………………（154）
　　（三）产业结构不合理，抗旱能力不足 …………（155）
　　（四）抗旱补助机制不完善 ………………………（156）

四、提高农业抗旱能力的思考 …………………………（157）
  （一）设立农业抗旱专项基金 …………………………（157）
  （二）建立农业抗旱支撑体系 …………………………（158）
  （三）创新干旱区农业发展机制 ………………………（158）
  （四）完善农业抗旱激励机制 …………………………（159）

第七章 森林生态建设与干旱治理 …………………（161）
一、森林生态建设与抗旱能力建设 ……………………（161）
  （一）森林具有强大的保水功能 ………………………（161）
  （二）森林结构不合理将降低其保水能力 ……………（163）
二、森林生态建设实践 …………………………………（164）
  （一）建立生态补偿机制，维护森林生态系统 ………（165）
  （二）推进集体林权制度改革，调动林农积极性 ………
  ………………………………………………………（166）
  （三）推广新能源，减少对森林的破坏 ………………（167）
  （四）加强森林生态修复 ………………………………（168）
三、森林生态系统建设存在的问题 ……………………（170）
  （一）干旱时期森林经营理念落后 ……………………（170）
  （二）森林开发无序降低保水功能 ……………………（172）
  （三）林农生态建设负担仍然重 ………………………（173）
四、完善森林生态系统建设的思考 ……………………（175）
  （一）调整干旱时期森林建设战略 ……………………（175）
  （二）进一步规范森林开发秩序 ………………………（176）
  （三）完善森林建设维护补偿机制 ……………………（177）

第八章 研究结论与发现 ……………………………（180）
一、研究结论 ……………………………………………（180）
  （一）云南农村干旱治理取得了一些宝贵经验 ………（180）
  （二）云南农村干旱治理的方向是城乡一体化 ………（182）

（三）云南农村干旱治理需要强调公平 ………… （188）
　　（四）云南农村干旱治理需要充分发挥不同主体的功能
　　　　………………………………………………… （189）
　　（五）云南农村干旱治理要直面空心化带来的挑战
　　　　………………………………………………… （192）
二、研究发现 ……………………………………………… （194）
　　（一）人为因素是干旱形成的重要原因 ………… （194）
　　（二）干旱不只是水利问题 ……………………… （195）
　　（三）应对干旱应当引入治理理念 ……………… （197）
　　（四）农村干旱治理应强调软件支持体系建设 … （199）
　　（五）农村干旱治理需要坚持一些基本原则 …… （200）

参考文献 ………………………………………………… （202）

后记 ……………………………………………………… （209）

第一章 导 论

云南是一个水资源大省，但也是一个深受干旱困扰的省份。21世纪以来，季节性、区域性干旱常态化，干旱已经成为困扰农村发展的绊脚石。2009年~2013年初的特大干旱，对农村经济社会发展造成了巨大的影响。本以为2013年全省雨水较前几年充沛，干旱的影响将逐渐消退。但2014年4月中下旬到6月初，全省局部地区持续高温无雨，干旱再次来袭，使人们不得不正视云南干旱常态化的事实。在这样的背景下，对云南农村干旱治理进行系统研究就变得极为紧迫。

一、选题缘起

笔者来自云南省最干旱的坝子——宾川县，家在上川坝，宾川南部，自幼就对干旱的影响有着切身的体会，小的时候，父母要到半公里外的机井[①]挑水喝。自记事起，家里的承包田就因缺水没有栽过秧，田里栽的是香叶[②]、玉米等耐旱作物，较早些年，村子周围的田地还种植过高粱。在干旱严重的上川坝，机井成为灌溉、饮水的主要水利设施，每到干旱年份，机井水由粗变细，从水桶粗变成小碗粗，再到水杯粗，更有甚者，抽一会要停一会，因为出的水供不够抽。在这样的背景下，宾川上川坝农业生产成本较高，收成低，宾川曾经是云南省的省级贫困县。但也正因为干旱，宾川以甘蔗、柑橘而闻名于外。近年来，宾川县依托特殊的气候条件发展以葡萄、晚熟

---

① 机井，即机电井。
② 香叶，宾川叫香叶，学名香叶天竺葵，一种旱地香料作物。

橙子为代表的热带水果，走出了一条宾川特色的高原特色农业之路。农业生产附加值高，农民抗旱积极性就高。在2009年以来的干旱中，农民抗旱自救的能力较强。笔者从中发现，特殊的农业生产结构对农村抗旱能力的影响较大，并对此产生了兴趣。

2011年，笔者参与了云南省社会科学院农村发展研究所所长郑宝华研究员主持的云南省社科规划重点项目"云南农村民生水利建设研究"，以及科研处处长郑晓云研究员主持的省长项目"提高全省性抵御干旱能力的长效机制研究"。在项目执行中，对云南省红河州、文山州、昭通市、昆明市等州/市抗旱情况进行了实地调查，并对云南农村干旱的影响有了更深的感受。干旱并非仅对农业生产和农民的日常生活造成影响，还对农村社会结构、生态环境等方面产生影响。农村干旱不仅是一个水利问题，还是社会问题、生态问题，需要从多角度来审视。

在各种项目完成后，笔者对云南农村干旱的关注并未减弱，而是在参与和完成其他项目的过程中用一些全新的视角来审视农村干旱问题。如在参与城乡一体化方面的研究项目时，将城乡一体化的研究视角引入到农村抗旱中来，思考如何形成城乡一体的抗旱机制；在完成社会公平方面的课题时，又从社会公平的角度来审视农村干旱治理措施的公平与公正；而当系统理论闪现在脑海时，笔者又想到了"全域治理"、"综合治理"的干旱治理思路。近两年来，随着田野调查点的增加，笔者发现干旱对不同人群、不同地区、不同作物的影响不同，农村干旱治理应从人群、区域，甚至是农作物的种类出发来制定不同的策略。凡此种种，都让笔者产生对云南农村干旱治理进行系统研究的念头。

但近两年来思想上产生了惰性，所以，研究工作进展较慢。而令笔者开动脑筋、着手研究的起因是2014年5月11日至17日和妻子回石林老家看到的景象。2014年4月中下旬以来，石林一直高温无雨。农民种上的玉米60%以上旱死，有的全部旱死。由于山地多，补种面积大，种子从26元/公斤上涨到28元/公斤，大家都担心补种面积大会涨到30元/公斤。而已经移栽的烤烟，受旱形势也非常严重。在村子里的几天，每天早上都看到农户用牛车、三轮车拉着小水泵去浇水。到田里转了一圈，在离水塘近的地方，很多农户在用小水泵抽水浇烟。家家户户浇烟水，成为村子里的现实景象。而到自家田里看时，盖了薄膜的辣椒都已经旱死5%，大部分已经蔫了。村民都在担心，今年的生产难搞了，玉米再不补种，籽饱不了；烤烟再没有水，后期雨水过多会疯长，烤不出好烟。辣椒再不浇水，恐怕也卖不着钱了。听着农民的担心，笔者感到汗颜。枉为一名农村发展研究者，还多年关注云南农村干旱，但没有提出干旱治理的有效策略，缓解农民的因灾损失。正是在这样的背景下，笔者认为应当把这些年来所见、所闻、所思，系统地呈现出来，于是着手对云南农村干旱治理进行系统研究。

二、干旱与干旱治理
（一）干旱与抗旱

干旱是指因水分的收与支或供与求不平衡而形成的持续的水分短缺现象。① 基于干旱的现实表现，干旱可分为气象干旱、农业干旱、水文干旱、社会经济干旱四种类型。气象干旱指某时段由于蒸发量和降水量的收支不平衡，水分支出大于水分收入而造成的水分短缺现象。农业干旱以土壤含水量和植物生长状态为特征，是指农业生长季节内因长期无雨，造成大气干旱、土壤缺水，农作物生长发育受抑，导致明显减产，甚至无收的一种农业气象灾害。② 水文干旱通常是用河道径流量、水库蓄水量和地下水位值等来定义，是指河川径流低于其正常值或含水层水位降低的现象，其主要特征是在特定面积、特定

---

① 张强、潘学标、马柱国等编著：《干旱》，气象出版社，2009年5月出版，第1-2页。
② 张强、潘学标、马柱国等编著：《干旱》，气象出版社，2009年5月出版，第2页。

时段内可利用水量的短缺。① 社会经济干旱是指由自然降水系统、地表和地下水量分配系统及人类社会需水排水系统这三大系统不平衡造成的异常水分短缺现象。② 干旱目前已经成为对人类经济社会造成巨大损失的自然灾害之一。从经济社会干旱的角度讲，也可能是人为改变水资源分配而造成的人祸。干旱灾害指某一具体的年、季和月的降水量比常年平均降水量显著偏少，导致经济活动尤其是农业生产和人类生活受到较大危害的现象。③

抗旱就是人类为降低干旱对经济活动主要是农业生产和农民生活造成的负面影响而采取的各种活动，包括寻找水资源、改变水资源分配、减少生产生活用水等方面的行动。长期以来，我国主要从干旱灾害应急管理、干旱灾害防预、干旱灾害救济三个环节来管控干旱灾害。④ 近些年来，各地在实践中也发现，单纯的灾害应急管理、灾害预防、救济解决不了干旱对经济社会产生的一些潜在影响，如生态环境恶化、农业产业结构变迁、农村人口结构变化等方面的问题，因此，在抗旱中也提出了生态环境治理、农业产业结构调整、应对"空心化"等方面的措施，从实践的角度把农村抗旱推向干旱治理。

（二）干旱治理

长期以来，我们使用抗旱来表示人类对干旱灾害采取的积极行动，是从减轻缺水对农业生产、农民生活的负面影响提出的，利益关切面较窄。农业抗旱的目的是降低干旱带给农民的经济损失，因此，当干旱对农业的影响无力扭转时，劳动力转移成为首要的选择。从这个角度讲，农村抗旱更强调对干旱的直接影响进行回应，以降低干旱带来的直接影响。而干旱治理不同，干旱治理的利益关切面较广，它把干旱看作是影响区域

---

① 张强、潘学标、马柱国等编著：《干旱》，气象出版社，2009年5月出版，第3页。
② 张强、潘学标、马柱国等编著：《干旱》，气象出版社，2009年5月出版，第3页。
③ 张强、潘学标、马柱国等编著：《干旱》，气象出版社，2009年5月出版，第2页。
④ 主要参考张强、潘学标、马柱国等编著：《干旱》，气象出版社，2009年5月出版，第150－166页的内容。

内社会成员公共利益最大化的一个变量。在干旱治理中，缺水导致的农业生产活动规律打破、农民生活用水困难只是一个方面，而更重要的是农业生产活动规律打破、农民生活用水困难后引发的一系列社会问题，以及这些社会问题的长远影响。如在2009年至2013年初的连年干旱中，云南积极推进"农业损失务工补"的策略，实施"农村劳动力转移特别行动计划"，每年转移200多万旱区农民外出打工，这一措施有效地缓解了农民因旱造成的损失。但这一措施的实施，进一步加剧了农村的"空心化"，降低了农村的抗旱自救能力。同时，农村的"空心化"改变了农村社会治理的社会结构，在2013年上半年云南省第五届村"两委"换届选举中，笔者参与观察的5个村仅有一个村一次通过投票，村民投票参与不足。二次投票率提高从一个侧面说明了农村"空心化"对农村治理的影响。干旱治理涉及的内容就包括干旱措施带来的这些负面影响。也就是说，它的利益关切面不仅包括干旱对农村经济和生活的影响，还包括干旱对社会、生态等方面的影响。更重要的是，干旱治理不仅要消除干旱带来的直接影响，还强调消除干旱对农村更深层面的影响。

总体上讲，抗旱与干旱治理既有交叉相通的地方，也存在一些差别。从交叉相通的角度讲，抗旱起因于旱灾的发生，干旱治理起因也是干旱的存在；同时，抗旱采取的措施，也是干旱治理的措施，只是抗旱措施强调缓解干旱的负面影响，而干旱治理措施不仅强调降低干旱的负面影响，还强调消除抗旱措施的负面影响。正是由于农村干旱及抗旱措施会对农村经济社会发展造成负面影响，所以才要求我们从治理的角度来探讨干旱问题。既需要解决缺水问题，以及缺水对农民生活、农业生产造成的影响，也要采用积极妥当的措施，避免抗旱措施对农村社会的负面影响的出现。此外，二者的目的也有相同之处，即都是缓解干旱对人类社会的负面影响。

从差别的角度讲，抗旱更多从抵御干旱的角度来制定措施，干旱应急管理是为了避免干旱造成的经济社会混乱，干旱预警是为了提前发现干旱，干旱救济是为了帮助因干旱而陷入生活困难的人群。而干旱治理不同，干旱治理是基于干旱的现实存在而采取的一种积极行动，其最终的目的包括两个方面：一是缓解干旱对人类经济社会发展造成的负面影响；二是降低发生干旱的机率。因此，二者的差别体现在三个方面：

一是理念上的差别。抗旱要在干旱发生时才发生，而干旱治理在干旱发生之前就已存在。所以，抗旱被动占主导，而干旱治理主动占主导。抗旱强调干旱发生后的干预，而干旱治理强调干旱发生前、干旱发生时、干旱发生后等环节的干预。抗旱是一种短时性的行为，如果没有旱灾发生，就不存在抗旱；而干旱治理是一种长期性的行为，它主要基于政府和社会对干旱发生情况的评估而产生，旱灾不出现时，也存在。如云南是一个干旱发生率高、干旱影响面广的省份，所以要开展干旱治理。这个活动在我们对云南干旱发生情况进行评估的基础上确立，一旦确立就会长期坚持下去，除非下一次的评估认为云南的干旱影响面小，不需开展专门的行动。但抗旱不同，即使在干旱治理开展的过程中，如果没有旱灾的出现，也无须开展抗旱活动。二是措施上存在差别。抗旱主要从解决缺水问题出发，而干旱治理则从干旱对经济社会的负面影响最低化的角度出发，所以，抗旱措施可能有利于干旱治理，但也有可能对干旱治理不利。因为干旱更多从眼前的、单方面的问题及利益出发来解决问题，而干旱治理强调从长远的、综合性的问题及利益出发来解决问题。三是内容上存在差别。抗旱更多强调水利方面的内容，而干旱治理则强调水利、农业、生态，以及社会方面的内容。如抗旱强调水利基础设施建设，对户用水利基础设施建设给予补助，但干旱治理不仅强调对户用水利基础设施进行补助，还特别强调补助的公平性与公正性。

从中可以看出，抗旱与干旱治理是两个有相似、相同之处，同时也存在较大差别的概念。农村干旱治理可以理解为：因为干旱的客观存在，政府和社会积极行动起来，采取水利、生态、社会等方面的措施，降低农村干旱及抗旱活动负面影响的过程。其目的是实现特定区域在干旱背景下农村公共利益的最大化。从云南农村季节性干旱、区域性干旱常态化的现实出发，应适时引入干旱治理。即已经承认干旱的存在，并且将采取一切措施包括水利、经济、生态，以及社会的措施来避免干旱的发生。而当干旱发生时，又采取一些综合性的措施，以确保每一项措施的实行不会带来新的社会问题。

三、研究现状
（一）干旱研究

我国是一个干旱严重的国家，对干旱的治理和探讨一直没有停止过。从已出版的图书来看，专门讨论农村干旱的较少，更多是从区域干旱的角度展开的研究，或是从干旱与气候、生态环境、农业生产、饮水等某个角度来展开。在干旱管理的理论探讨中，亚行技援中国干旱管理战略研究课题组（2011）所著的《中国干旱灾害风险管理战略研究》对我国干旱灾害风险管理的基本框架进行了探讨，郭东明等（2012）所著的《干旱管理方法研究》对国内外干旱管理的相关理念及方法进行了探讨。

在区域干旱研究中，贵州省人民政府防汛抗旱指挥办公室（2012）所著的《贵州省 2009～2010 特大干旱灾害及抗旱工作评价》对贵州省阶段性干旱形成的原因、特点、治理措施、存在的问题及对策进行了探讨；荣艳淑（2013）所著的《华北干旱》对华北地区干旱的特征、干旱的变化及原因等进行了探讨。

在从某个领域或角度切入的研究中，陈曦（2008）主编的《中国干旱区土地利用与土地覆被变化》对人类利用土地对覆被变化的影响进行了分析。付强等（2010）所著的《黑龙江省半干旱地区水土资源可持续利用研究》从水土资源可持续利用的角度对干旱问题进行了探讨，刘永红等（2011）编著的《四川季节性干旱与农业防控节水技术研究》从节水型农业的角度对干旱问题进行了探讨。周芸等（2011）主编的《川渝干旱对村镇饮水安全保障影响》从饮水安全的角度对干旱问题进行了探讨。

此外，还有很多学者从干旱与环境变化、抗旱工程技术等方面对干旱问题进行了研究。

从中国知网检索的已发表论文看，早在1984年，高振福就对锦州市生态环境恶化导致的水资源短缺现象进行了分析，并从植树造林、发挥"森林水库"涵盖水源，开发新水源，节约用水、科学合理用水、提高水的利用率，完善农业措施四大方面提出了干旱治理的策略。但随后，干旱治理的研究并未得到重视，学界更多从抗旱的角度来展开探讨。

有学者对我国一些地方历史上发生的大旱情况及抗旱经验进行了总结，如段建荣、岳谦厚（2009）对晋冀鲁豫边区1942至1943年抗旱减灾情况进行了探讨。曾群芳、马倩（2013）对重庆建政之初的抗旱情况进行了分析。也有学者对近年来我国各地农村抗旱经验进行了挖掘，如宋学飞（1999）从建立旱灾监测预报服务网络、加强水利工程建设、开展水土保持、调整农业产业结构和农作物布局、选择耐旱作物、开展人工增雨等方面对甘肃抗旱措施进行了总结。苑鹏（2000）对邯郸县抗旱服务专业协会参与抗旱的运行机制、业绩进行了分析。目前，对我国抗旱的研究更多集中在干旱的原因及对策上。

有学者从实证的角度，对我国不同地区干旱的原因及对策进行了分析，如赵庆昱等（2009）从客观原因、主观原因两个角度对林甸县旱灾形成的原因进行了分析，并从加强领导、基础设施建设、节水农业、抗旱投入、抗旱组织建设等方面提出了对策。蒋和平等（2009）对2008年至2009年我国北方地区受旱面积大、受旱区域集中、程度重、旱冻叠加等特点进行了分析，对降水少、水资源组合不平衡两方面的自然因素，以及生态环境恶化、水资源供需矛盾、资金投入不足三方面的人为因素进行了分析；对干旱在粮食产量、价格、农民收入几方面上的影响进行了探讨。最后从加快人畜饮水工程、提高雨水利用率、加强水利工程建设、发展节水农业、合理安排农业结构、加强抗旱服务体系建设几个方面提出了对策。

刘洪先（2010）分析了我国西南五省水利建设缺乏系统规划、水利工程设施覆盖面不足、水利工程设施老化损坏严重、工程配套不完善等方面的水利发展基础，并从国家投入政策重大轻小，地方财政困难、配套资金不到位，水利投入政策断层（原有农村水利投入及动员体系瓦解，新的未建立），小型农田水利建设主体责任不明晰、群众兴修水利积极性不高，水利体制改革滞后、管理体制不适应，基层水利发展政策法规体系不完善等方面分析了基层水利发展中的问题。并从明确农田水利设施的公益性质、加大中央的资金投入和政策倾斜、建立农田水利建设新机制、推进农田水利工程产权制度改革、加强乡镇水利站建设、推动乡镇水利规划修编、加强农田水利立法等方面提出了对策建议。

林龙（2011）对我国抗旱立法中防灾减灾立法、水资源立法、《森林法》、农业保险立法存在的不足进行了分析，并对完善相应立法进行了探讨。万群志（2013）对抗旱中存在的问题，如抗旱资金投入机制不健全、抗旱应急水源工程严重不足、旱情监测预警能力明显偏低、抗旱管理服务体系薄弱、抗旱工作管理水平不高等进行了分析，并从转变抗旱工作理念、健全抗旱投入保障机制、加快推进抗旱规划实施、加强规划项目建设管理、提高抗旱工作管理水平等方面提出了对策建议。财政部农业司水利处（2013）提出，加强农田水利建设是抗旱救灾的治本之策，能够起到增强调蓄能力，减少输水损耗、提高用水效率，化解用水矛盾等方面的作用。

薛玉华（2013）还从耕作方法、化学调控两个方面对春耕抗旱进行了探讨，李金鑫（2013）对安徽农村抗旱的效益进行了分析。

就云南来看，抗旱研究主要由三支队伍组成：一是政府职能部门的研究，主要是防汛抗旱指挥系统的工作人员、科研人员从工作的角度展开的研究；二是水利工程研究系统的研究，主要是水利部门下设的研究机构展开的研究，这些研究主要从工程技术的角度来讨论抗旱问题；三是社会科学研究系统的研究，主要以云南省社会科学院为核心，包括部分高校的科研人员，主要从组织服务体系、干旱综合治理、长期治理的角度来展开探讨。

总体上看，对我国干旱问题的研究成果比较丰富，既有讨论管理策略、应对干旱的措施、技术等方面的研究，也有讨论干旱对经济社会某个方面的影响的研究。但仍然存在不足：一是专门讨论农村干旱问题的研究不多，对农村干旱问题进行系统研究的也少，尤其是对云南这样水资源大省的干旱问题进行研究的成果更少。二是从治理角度进行探讨的基本没有，尤其是涉及抗旱能力及主体积极性、抗旱措施的负面影响、抗旱措施的公平性及公正性等方面的研究基本没有。在这样的背景下，对云南农村干旱治理进行系统研究，尤其是从农村公共利益最大化、促进抗旱措施的公平性、提高抗旱主体的积极性、降低抗旱措施的负面影响等角度展开，就变得极为有意义。

（二）农村水利研究

农村干旱问题经常被放到农村水利中来讨论，因为干旱问题的解决离不开水利基础设施建设，而水利基础设施建设又离不开水利投资，也离不开水利管理的主体。因此，讨论农村干旱问题，还必须对农村整个水利建设的研究进行回顾，尤其是在将水利建设看作是干旱治理的重要内容的背景下。目前，我国对农村水利的研究主要集中在以下几个方面。

1. 水利的基本属性及水权。目前，我国学者在研究中对水资源和水利已经形成一种共识，水既是自然资源也是经济资源，水利既具有工业基础产业的属性，也具有基础设施的属性。水是不可替代的基础性自然资源和战略性经济资源，水利是经济社会发展的重要基础设施和基础产业（杨良清，2008）。水是一切生物赖以生存的基本条件，是自然生态系统的重要组成部分，是生态环境保护和建设中的重要控制性和基础性因素，是农业乃至经济社会发展的重要条件（屈志成、周伟、崔桂芬、陈艳丽、辛伟，2010）。农田水利是改善我国农民生存和发展最重要的基础条件，农田水利工程能否良性运行事关国家粮食安全、农业增产、农民增收、促进节约用水和新农村建设的大局（李计初，2007）。有学者指出，水是一种基础性的自然资源和战略性的经济资源，也是应用范围最为广泛、使用数量最大、不可替代的生命资源，更是生态环境的控制要素之一。而且水具有不同于任何其他自然资源的特性：水少了，就容易干旱缺水；水多了，就容易发生洪涝灾害；水污染或水土流失了，就会影响供水水质和生态环境。所以，作为调节、控制和供应水资源的水利工程就成为经济社会发展最基本的基础设施和重要的保障条件，在经济社会发展中有着极其重要的地位和作用。水利行业具有其他行业没有的特殊性，即同时具有基础产业中基础工业部门的属性和基础设施的属性（王治，2008）。

有学者进而指出，农村水利基础设施分为有较强私人物品性质的农户自用微型水利基础设施、公共产品性质较强的跨村或跨乡的小型、中型、大型水利基础设施（甘琳、张仕廉，2009）。

在对水利基本属性进行研究的基础上，一些学者对水权进行了研究。目前，基本形成了两种观点：一种观点认为，水权包括取水权、用水权、收益权。如有学者指出，水权是权利人依法对地表水与地下水使用、受益的权利，具体而言，包括汲水权、引水权、蓄水权、排水与航运水权（崔建远，2002）。在我国的立法实践中，水权应该是水资源用益权，即取水权（樊晶晶，2009）。水权应该是一种占用权（任丹丽，2006）。也有学者认为，水权应该包括水资源所有权和用益物权两个部分（关涛，2002）。水权可划分为所有权、使用权以及附着于所有权的处置权和附着于使用权的收益权（刘书俊，2007）。水权应该包括水物权和取水权（黄锡生，2005），水权应该是指水人权（胡德胜，2006）。另一种观点认为，水权不应该包括取水权。如有学者认为，水权应该从所有权、使用权两个传统民法角度进行研究，但是不应该包括取水权（娄海东、夏芳，2010）。

2. 水文化研究。目前，我国学者对水文化的研究主要集中在三个方面：一是水文化的内容及构成。如有学者指出，水文化是以水利人为主的社会成员在处理人水关系的实践中创造的以精神成果为核心的各种成果的总和（郑大俊、王如高、盛跃明，2009）。水文化是人类在与水打交道的社会实践活动中所获得的物质财富、精神财富、生产能力的总和；水文化是民族文化的重要组成部分，水文化的主体是水利文化（李宗新，2009）。依据实践形式和成果载体不同，可以将水文化划分为物质形态内蕴的水文化、生产生活方式的水文化、制度形态的水文化、精神产品的水文化、观念形态的水文化五个层次（郑大俊、王如高、盛跃明，2009）。

二是水文化的功能。水文化具有孕育功能，水文化参与了人类文明和中华民族孕育和发展的全过程，催化了人类文明和中华民族的生存和发展；水文化具有教化功能：提高人们的思想道德素质、科学文化知识素质、全社会的水意识、引领功能、凝聚功能、激励功能、传承功能、审判功能、规范功能（顾学明，李宗新，2010）。

三是我国水文化的发展历程。郑大俊、王如高、盛跃明认为，我国水文化的发展大致经历了三个阶段：第一阶段是远古时期，这一阶段的水文化的表现形式大多是用那些虚幻的想象纺织出来的神话与传说；第二阶段是中古和近古时期，这一时期的水文化无论从理论上还是从实践来说都有不少方面的成果，但是大部分的成果也只是经验层面的积累，局限于河堤的筑防、农田的灌溉、人力的漕运、简单的水利工具以及与水相关的人文作品等，水资源的全面开发与综合治理远未实现质的突破；第三阶段是指自中国1840年逐渐沦为半殖民地半封建社会到1949年新中国成立期间的水文化。新中国成立后，水利事业取得巨大成就，我国水文化的建设也逐渐步入理性的自觉，经历了以兴修农业水利设施、江河治理为主阶段的水文化；以经济建设为中心掠夺、破坏资源阶段的水文化；和谐发展阶段的水文化三个阶段（郑大俊、王如高、盛跃明，2009）。

3. 水利建设存在的问题。目前，我国学者在探讨农村水利建设存在的问题时，主要集中在六个方面：

一是农村水利发展中存在的问题，研究者主要从水生态、水利基础设施、水利人才、水利发展困难等方面来谈存在的问题。基本观点是渠系配套较低，水生态环境有恶化趋势，骨干水利工程不足，水库老化病害严重，农村人口饮水不安全是农村水利发展中存在的问题（杨良清，2008）。邓泉兴（2010）在个案研究基础上指出，县域农田水利建设存在的问题是小型农田水利设施不足，工程老化失修比较严重，季节性、工程性缺水问题突出；群众投工投劳不足，较大程度地影响了农田水利工程建设与管理；农村水利基层服务体系薄弱；县级可用财力有限，本级财政投入不足。李晶、钏玉秀、李伟（2009）认为，基层水利发展存在的问题主要是基层水利设施老化失修，配套不全；基层水利建设资金与运行经费难以到位；基层水利管理体制不适应工作要求，职能弱化，作用难以发挥；基层水管单位任务重、条件差、待遇低、人才结构不合理；基层水利政策法规不完善。

二是农村水利管理服务中存在的问题，研究者主要从管理机构、管理人才、管理任务、管理机制、水利基础设施的产权等方面探讨了农村水利管理中存在的问题。如水利管理机构不健全，从业人员与面临的管理任务不相适应，管理职能无法全面履行，能力建设严重滞后，基层水利管理人员文化水平低，人才流失严重（肖长伟、杜海文，2011）。点多面广、底子薄；建设越多，管理负担越重、牵涉面广；（张家发，2011）甘琳、张仕廉认为：产权制度、资金投入体制、管理体制、维护和更新机制，使得小型水利工程长年处于老、旧、破、坏的境地（王树宝、陈文顺，2007年；赵静，2009）；另外，外出务工及承包田转包造成一些微型水利设施无人管护，老化失修而报废（甘琳、张仕廉，2009）。倪文进认为，农村水利建设与管理面临的困难突出表现在：第一，基层政府和农民对投入农村水利积极性不高；第二，农村水利基层服务体系不健全；第三，农村水利投入严重不足；第四，农村水利工程管理薄弱（倪文进，2010）。此外，张丽茹也认为，基层水利服务体系建设中存在的问题：一是生存困难，队伍不稳定；二是体制不顺，机制不活；三是投入短缺，服务弱化；四是人员膨胀，素质偏低；五是观念滞后，发展迟缓（张丽茹，2011）。现行的农村经济模式使得居民、农户缺乏关心和维护水工程、水资源、水环境的组织性与主动性；大规模的异地务工使得农村水利基层管理工作缺乏青壮年和知识水平相对较高人口的关心与支持；农村税费制度的改革使农民得到了实惠，却使他们削弱了对水资源费征收必要性的认识。

三是水利投融资存在的问题，研究者主要从融资渠道、融资平台、投资规模及投资能力等方面对农村水利投融资进行了研究。如有学者认为，目前我国水利建设的投资规模还不能适应现阶段社会经济发展对水利的要求；水利建设重点项目开工不足，不利于水利均衡稳健发展；水利建设任务重，面上项目增多，水利投资存在较大缺口；水利投资安排不尽合理，投资结构还需进一步调整；水利投资管理能力仍需加强，水利投资安全和效率受到影响等，是水利投融资面临的挑战（王瑜、乔根平，2008）。有学者认为，融资渠道过于单一；缺乏有效的引导机制；融资平台尚不完善是我国目前水利投融资体制存在的问题（郑鱼洪，2010）。此外，地方水利投融资平台贷款存在政策障碍；出台财政垫付、贴息等政策的协调难度大；财政资金的杠杆作用没有充分合理发挥；银行现有的授信管理制度难以适应水利行业快速发展的需要；从紧货币政策使得争取水利建设贷款难度加大，也是我国水利投融资过程中面临的挑战（李勤、张旺、庞靖鹏、王海锋、范卓玮，2011）。

四是水务管理存在的问题。高镔指出，原有水资源管理体制导致城乡分割、政出多门、职能交叉等问题，集中表现为

"六难"，包括水资源规划难以统一；水资源配置难以优化；节约用水工作难以开展；涉水行政管理难以发挥；水务产业链难以形成；投融资平台难以搭建（高镔，2010）。有学者进一步指出，水管体制改革面临三方面的主要问题与形势：首先，已实施改革的部分工程，公益性人员基本支出和公益性工程维修养护经费还未足额落实到位，各项改革任务进展不平衡，保障工程良性运行的长效机制尚未有效建立。其次，管理体制改革未覆盖全部水利工程，点多、面广、量大的小型水利工程未实施改革，仍存在产权制度不清、管理责任不明、安全隐患多的突出问题，严重制约水利工程体系整体效益的发挥。最后，与小型水利工程关系密切的基层水利单位，性质不明、职责不清、经费不足，无力承担对小型水利工程实施管理和维护的公益性职能，亟待通过改革强化能力建设（柳长顺、张秋平，2010）。

  五是农业水价改革存在的问题。如有学者认为，农业水价政策仍然面临诸多问题：一些经济发达地区的地方政府减免了农业水费，这些做法引起的社会影响和震动极大，进一步加大了其他地区水管单位征收水费的困难。还有部分地区存在着搭车收费、截留挪用、拖欠水费现象；部分地区农民甚至一些基层干部都认为，农业税这样的皇粮国税都免了，水费也不该收，致使水费征收困难，收取率急剧下降，水费收入锐减。水费收入锐减使水管单位运行更为困难，农田水利设施对农业生产的保障能力受到挑战。（王冠军，2010）还有学者指出，我国农业水价改革面临的挑战主要是：农业发展整体宏观背景冲击农业水费；水费难以维持水管单位正常生存；水费计量方式难以发挥水价杠杆作用；末级渠系损坏严重，影响水价改革（姜文来、雷波，2010）。王大全、楼豫红进而指出，免征农业水费与相关法规政策要求抵触；不利于节约用水；引起新的社会不公；不利于工程的良性运行（王大全、楼豫红，2011）。长期以来农业用水都是无价或者低价使用，农业水价的改革从整体上来说是"涨价"，必然受到质疑，特别是在农业生产资料价格普遍上涨、农业税费取消、增加种粮补贴等宏观背景下，农业用水提价会受到农民的责难，"无偿用水"的声音从不同的角度提起，对刚刚培养起来的"农业用水有价"观念带来极大的挑战（姜文来，2011）。有学者认为，灌区目前水价运行机制存在弊端：灌区管理单位的收入和支出还不能实现平衡，亏损局面难以扭转，水管单位仍存在重经营轻服务的思想；现行的水价政策与灌区农民收入水平不协调，水价标准偏高，农民浇地负担重，用水浇地种粮积极性不高；基层管水人员报酬低，缺乏管水积极性和主动性，末级渠道投资主体不明，管护责任落的不实，工程破损严重；灌区水资源的综合利用率不高，地下水采补比例失衡，灌区生态环境和地质灾害问题突显（赵作枢，2011）。

六是水文化发展存在的问题。当前水文化建设中存在的主要问题是：水文化建设尚未形成社会共识，水文化资源整理与保护不善，水文化研究尚未成熟并与建设脱节，水文化建设领域狭窄，水文化宣传教育尚未普及，水文化建设地区差异明显，水文化理念没能很好地贯彻于实践，水景观建设地方特色不够明显，水文化建设保障机制不够健全，水文化建设没有紧跟时代脉络（郑大俊、王如高、盛跃明，2009）。

4. 促进水利发展的对策。一是如何完善农村水利基础设施。如有学者认为，应对水利基础设施投融资体制、经营管理体制的改革，建立"谁建设、谁管理、谁受益"的利益分配机制，以政府为主的多元化投资体系，完善"一事一议"的民主管理（刘海英，2008；郑晓庆，2009）。有学者进一步指出：农户自用微型工程应在政府的补助下以农民为主建设；跨村或跨乡的小型水利基础设施应以水利合作组织进行建设；可经营性的小型供水基础设施通过组建股份制企业（如水利公司），采取 BOT 的融资模式建设（甘琳、张仕廉，2009）。

二是如何完善水利投融资体制。如有学者指出，应学习文化和林业行业的做法，将水利行业划分为水利事业和水利产业两大类，促进水利事业和水利产业协调发展；建立有长期稳定来源的水利建设资金，并大力加强依法收费工作（王治，2008）。杨良清认为，需要重点做四个方面的工作：一是分类确定投资主体；二是加大公共财政投入；三是全面建立水资源有偿使用制度和补偿机制；四是利用市场机制吸引社会投入（杨良清，2008）。创新投入机制，确立政府引导、项目带动、农民自主、整合资金、盘活资产的水利投入机制（王世文，2009）。有学者进而指出，需要将发展基层水利作为政府解决"三农"问题的关键性措施来抓，将基层水利发展作为"工业反哺农业、城市支持农村"的重点扶持对象；将基层水利发展作为政府财政支农资金和金融促农资金的重点领域；将统筹城乡水利基础设施和公共服务作为城乡经济社会发展一体化的重要环节；将基层水利体制创新作为推进农村改革发展制度创新的重点内容；建立中央与地方的财力与事权相匹配的投入新机制；要建立中央投入财政主导的基层水利建设投入保障机制（李晶、钏玉秀、李伟，2009）。

三是如何改善农村水利管理服务状况。如有学者指出，发展农民用水合作组织，是提高农村水利组织化程度的重要保证；要加强新时期基层水利服务体系建设需要合理规划，稳定和加强基层水利队伍；完善管理体制和机制；重视基层水利服务体系建设资金投入；深化水资源管理改革，实行水务一体化；优化队伍结构，提高人员素质；营造宽松环境，加大发展水利经济（张丽茹，2011）。

四是水务管理改革的对策。水利改革的几项原则是：牢牢把握社会主义市场经济体制改革方向，坚持从水利的实际出发加快推进改革，坚持依法推进水利改革，高度重视水利改革的科学性和协调性（范恒山，2008）。完善小型水利工程管理体制的总体思路是：以落实产权为切入点，明确各类工程的管护主体，建立合理的补偿机制；以落实工程安全管理责任为抓手，调动各地方政府实施改革的积极性与主动性，确保管理体制改革取得实效；改革的重点包括：针对工程产权不清、责任不明的问题，着重创新产权制度；针对小型水利工程运行维护经费不足的问题，着重建立公益性耗费财政补贴机制；针对小型水利工程安全隐患突出的问题，着重全方位建立安全责任制；对于恢复机构设置确有困难的地方，着重探索政府购买服务的基层水利单位运行新机制（柳长顺、张秋平，2010）。加快推进水资源管理体制改革需要按照国家资源管理体制改革的要求，改革制约水资源优化配置、统一调度、监督管理以及节约保护等的不合理方面，发挥水利部门在水资源配置、调度、管理中的主体和关键作用；需要国家给予一定的政策扶持，特别是在财政担保和财政贴息、优惠贷款方面给予一定的优惠政策，提高水利项目的自身融资能力（高镁，2010）。

五是农业水价改革的对策。柳长顺（2010）认为，农业水价改革应当坚持的原则是综合改革、协调推进，农业水价综合改革的政策选择是明确灌区管理单位定性，建立国有骨干工程运行管理财政全额补贴机制，建立末级渠系水费限额收取制度，建立末级渠系水费补助机制，建立健全国有骨干工程管理考核机制，创新末级渠系建设与管理机制。农业水价形成机制框架：合理的灌溉用水与服务成本构成、成本控制、成本约束与成本管理制度；有区别的水价核定原则；切实可行的水价管理和计费方式；水费计收、使用与监督管理制度；水价政策绩效评估制度（冯广志，2010）。赵作枢（2011）认为，农业水价改革应注意农灌水价改革应以降低农民负担为前提；农灌水价改革应以补充地下水库涵养水源、增强灌区抗旱减灾能力、改善生态环境为目标；农灌水价改革应走降低农灌终端水价标准、建立农灌水价补偿机制之路。

除了以上四个方面之外，我国学者还对农村水利建设与发展的历程、成效等进行了研究。总体上讲，我国学者对水利的研究非常全面，既有历程回顾，也有现状分析；既有问题解析，也有对策探讨；既有理论研究，也有以县为单位的实证研究；既有宏观层面的探讨，也有具体水利工程的研究。可以说，对农村水利建设的研究已经涉及到水利建设的多个方面，但仍然存在两方面的不足：

一是至今没有学者从社会公平的角度来对农村水利进行过研究，虽然有学者认识到水利的公益性、公共产品属性，很少有学者注意到水利公共服务均等化的意义，并从水利公共服务均等化的角度展开论述。二是至今没有学者从城乡一体化的角度来探讨农村水利建设。目前，我国学者对水利的研究总体上形成了农村水利研究阵营和城市水利研究阵营，至今还没有学者从城乡一体化的基础设施、服务体系、水资源调配等方面进行过研究，这方面的缺失，致使区域性水资源在城乡之间的循环实践及区域性一体化服务的实践缺少理论指导。

两方面的缺失，导致我们在水利建设中忽略了水利建设的公平性与公正性，以及城乡共同参与的水利建设策略。正是由于水利研究中没有解决基础设施、水利投资、公共服务等的公平性，以及城乡一体化问题，从社会公平、城乡一体的角度来探讨云南农村水利建设问题就极具现实意义。

正是在专门探讨云南农村干旱问题研究较少，水利探讨中缺少社会公平、城乡一体化研究视角的背景下，本项研究以云南为研究对象，从社会公平、城乡一体化的角度来探讨干旱问题，并将水利问题放到干旱治理中进行讨论。此处所探讨的水利问题是指人类因对水有需求而开展的活动，不包括因水多而产生的水利问题即防汛工作。研究旨在通过对云南农村干旱治理实践的系统分析，发现云南农村干旱治理存在的问题，并从提高农村干旱治理能力的角度提出解决的对策。

四、研究视角

（一）治理研究视角

"治理"（Governance）1989年由世界银行首次提出，全球治理委员会在《我们的全球伙伴关系》中指出：治理是个人和各种公共的或私人的机构管理其共同事务的诸多方式的总和。进而指出：治理过程的基础不是控制，而是协调，治理既涉及公共部门，也包括私人部门，治理不是一种正式的制度，而是持续的互动。① 我国学者俞可平指出，治理的基本含义是指在一个既定的范围内运用权威维持秩序，以增进公众的利益。② 治理强调管理者与被管理者之间的合作与共同管理，强调体制外权威与体制内权威的合作与共同管理。治理以善治为目标，善治就是使公共利益最大化的过程。③ 目前，治理逐渐应用于各种需要社会共同参与的管理活动。

本项研究探讨的主题是农村干旱治理，本身就是将治理引入到抗旱中来。因此，在研究的展开过程中，始终坚持治理研究视角。在具体研究中，治理研究视角的应用主要体现在两个方面：一是强调参与抗旱或干旱管理主体的多元化，不仅包括政府，还包括与之有利益关联的农民、企业及其他社会群体。其中，政府和农民是基本的主体，如果两种主体的参与不足，农村干旱治理的目标无法实现。但无论是政府还是农民的参与都有个度，不能参与过度。政府参与过度就会压迫农民的参与空间，导致农民主体参与不足；农民参与过度包括劳动力和资源投入过度将导致农民抗旱成本增加，部分农民陷入贫困。因此，需要准确把握政府参与程度，并合理动员农民参与。同时，政府和农民的参与也必须是有序的参与，任何无序的参与都可能影响正常的干旱治理秩序，从而降低干旱治理的效能。所以政府参与尤其强调资源和力量整合，农民参与强调组织化参与，而不是单打独斗。

二是干旱治理的目的是促进区域公共利益最大化，也就是说，应对干旱应从区域公共利益最大化的角度出发来制定措施，不能关注了部分人群的利益而损害了国家和其他人群的利益。同时，关注区域性公共利益最大化需要强调城乡一体化干旱治理的必要性，因为任何一个特定的区域（以行政区划为标准），

---

① 全球治理委员会：《我们的全球伙伴关系》（OurGlobalNeighborhood），牛津大学出版社，1995年出版，第2—3页。
② 俞可平：《治理理论与中国行政改革（笔谈）——作为一种新政治分析框架的治理和善治理论》，载《新视野》2001年第5期。
③ 俞可平：《治理和善治引论》，载《马克思主义与现实》1999年第5期。

既包括城市，也包括农村，如果在干旱治理中只关注城市的利益，就会忽略农村的利益，进而损害到国家的利益。如在干旱时期过分强调城市生产生活用水供给，就会加剧农村水资源短缺，导致农业生产受到影响，农产品有效供给不足，农民收入降低。不仅影响到农民的利益，还会损害国家的利益，无法保障基本农产品供给。

（二）城乡一体化研究视角

城乡一体化提出的背景是城乡二元结构突出。因此，城乡一体化研究视角是一个区域协调、统筹发展的研究视角。在此研究视角下，云南农村干旱治理的目标是实现城乡水利协调、统筹发展，实现城乡干旱治理的一体化。在城乡干旱治理的一体化发展中，农村处于弱势，是主要矛盾，因此，农村干旱治理是重点。而在农村干旱治理中，处于弱势的村庄和个人是重点中的重点，是矛盾的主要方面，只有加快这些村庄和人群的干旱治理能力建设，农村干旱治理才能统筹和协调。同时，农村干旱治理的目标是与城市逐渐融为一体，一些方面实现对接，逐渐消除城乡差别，但这种差别是投资机制方面的差别，而不是服务内容方面的差别。云南农村是一种客观存在，现在、将来都是一个客观存在，干旱治理有其独特性，不可能与城市完全一样。同时，这种差别是服务方式上的差别，这种差别不可能完全消除，但又有相互借鉴的地方，主要是农村向城市学习。

在城乡一体化研究视角下，正因为云南农村干旱治理的目标是实现与城市发展的对接，逐渐融为一个整体，所以，必须在干旱治理方面推进以工促农、以城带乡、以乡促城机制的建立。这一机制主要体现在城乡水资源共享、水利服务共享。因为城乡一体、农村弱势，干旱治理投资向农村倾斜是促进农村干旱治理能力提高的关键。而农村中处于弱势的群体是发展的重点，在投资上对这部分群体进行倾斜，也是促进农村干旱治理协调发展，进而促进城乡一体的重要内容。

另外，农村相对于城市自我发展能力低，需要外部资源的注入。但外部资源的注入，只是外因，其所能起到的作用只是为农村干旱治理创造一个良好的环境，在干旱治理中给予资源支持。农村干旱治理最终的依靠还是农民。也就是说，农村干旱治理的主体是农民，农村干旱治理能力的提高最终需要农民的参与。因此，城市对农村的支持、工业对农业的帮助，其目的是培养农民的主体性及自我发展能力，而不是取代农民成为农村干旱治理的主体。

所以，城乡一体化研究视角在本项研究中的应用主要体现在四个理念：一是在干旱治理投入上，强调公共财政对农村的倾斜；二是在抗旱过程中，强调城乡一体化抗旱机制的建立，尤其强调水资源的公平分配及城市水利服务系统对农村的开放。三是在农村水利服务方面，强调对城市市场机制的借鉴，倡导农村水利服务和干旱治理的市场化方向。四是在政府对市场的宏观调控中，强调城市对农村的支持，如干旱时期水价、农产品价格调整对农村的支持。

（三）社会公平研究视角

实现社会公平是社会主义的内在要求，是政府的基本职责，是目前我国政府社会管理的迫切要求。[1] 社会公平是一个价值理念与现实表现的有机结合体，从价值理念看，是指社会成员应当具有平等地获取社会资源的资格，即拥有平等地享有社会创造的财富的机会。而现实表现体现在不同阶层、城乡、地区、民族、性别等社会群体在经济、政治、社会、文化等领域的平等权利，包括参与、享受国家保护的权利。因此，社会公平可以理解为：不同阶层、城乡、区域、民族、性别的社会成员，具有平等地参与经济、政治、社会、文化等领域的权利，这些权利受到国家以平等的价值取向为基础的各种制度的保障。社会公平研究视角主要从三个层面来分析问题。

一是机会平等。机会平等的基本做法，就是为社会成员创造一个平等的社会环境，每个成员都能够平等地参与经

---

[1] 杨文圣、黄英：《论公平视域中政府社会管理的机制创新》，《云南行政学院学报》，2009年第5期。

济、政治、文化、社会等领域的竞争。将其应用到农村干旱治理中，要求干旱治理在资源配置、公共服务方面对农村居民一视同仁，保证每个农村居民都能够平等地获得政府和社会提供的水利服务及抗旱服务。同时，从区域来看，也要求农村居民能够与城市居民一样，平等地获得政府提供的水利服务和抗旱服务。

二是过程平等。过程平等认为机会平等难以保障社会的真正平等，只有在过程中确保平等能够贯彻下去，社会平等才能实现。因此，需要在不同领域的各个环节制定一系列的制度，以确保公平竞争。过程平等要求农村干旱治理的制度化、法制化，即"去人治化"，使国家和社会在农村干旱治理的政策能够保证每个社会成员公平地享受政府和社会提供的水利服务和抗旱服务，同时能够平等地参与到干旱治理中来，尤其是在干旱治理引入市场机制的背景下。

三是结果平等。结果平等的支持者认为，在机会平等和过程平等面前，社会成员各自的能力、基础条件存在较大差异，由此导致社会成员不能平等地享有机会，也难以在过程中实现平等，进而导致新的不平等。社会弱者在竞争中因为起点的不公，如家庭出身贫困、体质弱等，没有享受和强者一样的基本权利（如教育权等）；以及先天的身体缺陷或后天的身体变故（如车祸的伤害等等），导致社会弱者在竞争中失利或者无法公平地参与社会竞争。[①] 因此，社会平等的核心在于结果的平等。将其应用到农村干旱治理中，强调在机会平等、过程平等的基础上，重视结果平等，尤其是那些自我发展能力不足的群体，如贫困村、贫困家庭。

云南农村地区性差异、民族性差异较大，各地区、各民族、甚至是同一民族、同一地区内部不同人群之间的能力、家庭条件差异较大，机会平等将导致结果的不平等；过程平等是

---

① 刘大康、陈剑：《社会公平的两个"底线"及其关系辨析》，《探索》，2011年第4期。

机会平等的延伸，同样可能导致结果的不平等。因此，在云南农村干旱治理中强调社会公平，应当在机会平等、过程平等的基础上，重点强调结果平等。所以，对弱者给予帮助，以使他们在公平的竞争中与其他人群平等享受水利发展成果和抗旱服务，是云南农村干旱治理中社会公平建设的核心。

将社会公平研究视角应用到本项研究中，主要目的是探讨水利基础设施建设激励机制的公平性，同时分析现有抗旱措施对社会公平的影响。在具体研究中，笔者以机会平等为基础，以结果平等为目标来展开分析，坚持城乡之间平等的水利发展机会及干旱治理机制，倡导云南城乡之间、农村不同区域、不同人群之间最终能够平等地享有水利服务和抗旱服务。

五、研究框架及内容

云南农村干旱形成的原因具有综合性的特点，既有降雨即气象方面的原因，也有生态环境方面的原因，如地面覆被森林的保水能力、喀斯特地形等，或是经济社会活动方面的原因，如生产用水、生活用水增加而导致缺水。同时，表现也具有综合性，有气象干旱，也有农业干旱、水文干旱、经济社会干旱等现象。而干旱治理的综合性更强，既有水利方面的措施，也有农业生产方面的技术，还有经济社会活动如节水方面的措施，以及生态修复方面的措施。所以，云南农村干旱治理是一个复杂的过程。云南农村干旱形成的原因、表现、治理措施可简单描绘如图1-1。

[图：云南农村干旱成因、表现及治理结构图]

降雨量减少、蒸发量大 → 气象干旱

基础设施不足、水资源分配不合理、用水过多

农作物生长缺水 → 农业干旱
河流来水减少、湖泊蓄水减少 → 水文干旱
水资源系统、分配系统用水系统不平衡 → 经济社会干旱

农业干旱：种植耐旱作物，推广抗旱耕作技术、滴灌等节水技术，生物抗旱，调整收种时间

云水资源开发利用

河流、湖泊清淤、疏浚

水利基础设施建设、节水型社会建设、生态建设

经济社会干旱：加强水资源循环利用设施建设，寻找新水源，合理分配水资源，调整产业结构

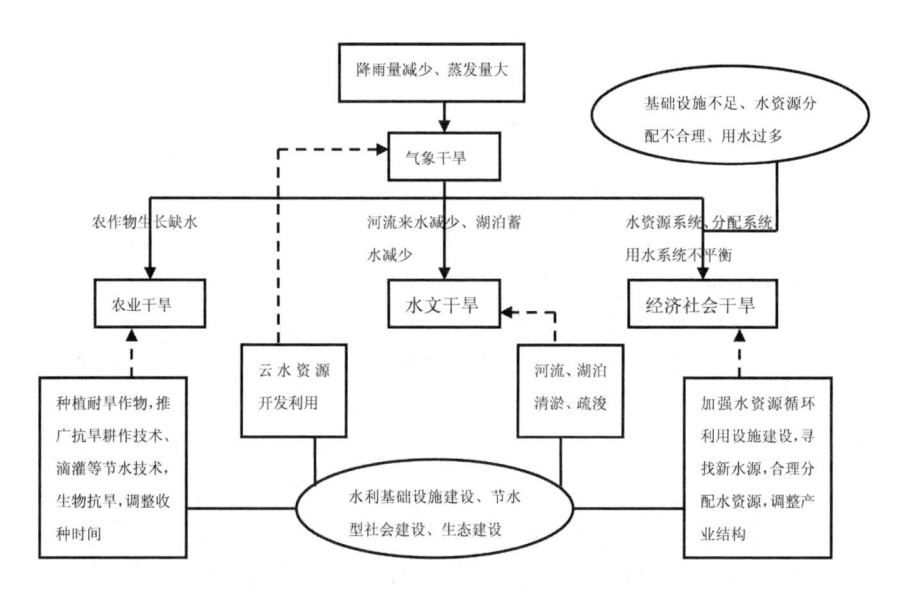

图 1-1　云南农村干旱成因、表现及治理结构图

从上图可以看出，云南农村干旱的基础原因是水资源短缺即气象干旱，并由气象干旱引出农业干旱、水文干旱、经济社会干旱。且不同干旱的治理措施及手段有所侧重，气象干旱治理强调云水资源开发利用；农业干旱治理强调耐旱作物推广、节水灌溉技术推广、抗旱耕作技术推广、生物抗旱技术推广；经济社会干旱治理强调水资源循环利用、寻找新水源、合理分配水资源等。在各有侧重的基础上，气象干旱、农业干旱、水文干旱、经济社会干旱等都需要加强水利基础设施建设来提高水资源开发利用率，建设节水型社会降低水资源需求，保护生态提高水资源天然存蓄率。从管理过程来看，涉及投资、主体动员、基础设施建设、服务体系建设、节水农业建设、生态建设等环节。

从中可以看出，云南农村干旱治理是一个系统工程，涉及的内容比较丰富。从干旱的种类出发，可以分别探讨农村气象干旱、农业干旱、水文干旱、经济社会干旱治理的策略。从水

利保障民生的角度出发，可以分别探讨农村饮水安全治理、农业用水安全治理、畜牧业用水安全治理、农村工业用水安全治理、农村生态建设与环境治理的用水安全治理。但认真分析会发现，在这两种分类下会出现较大的重复，因为每种干旱治理都要强调投资、水利基础设施建设、服务体系建设，甚至生态环境建设、水污染治理。所以，笔者从干旱治理的管理过程来确立研究框架。

从管理过程来看，农村干旱治理首先需要对干旱发生情况进行评估，在确定干旱现实存在的基础上，才开始动员各种治理主体参与干旱治理。由于干旱治理主体的参与有劳动力参与和资金、物资参与两种类型，所以，干旱治理主体的动员涉及劳动力动员及资金或物资动员两大内容。在主体动员中，政府资源动员主要以政策性动员为主，即通过自上而下的政策来确定政府资源投入比例，农民资源动员主要以激励性政策为基础，辅之以必要的社会动员手段，包括乡村干部入户动员、资源激励等。不同主体资金或物资动员方式、内容、方法共同构成干旱治理的投资机制。在主体动员起来后，就需要开展干旱治理活动，涉及到水利基础设施建设、水资源分配、水资源存蓄、水资源运送、水资源节约利用等与水利直接相关的活动。同时也涉及到生态建设、劳动力转移等与水利相关性较低，但与干旱相关的活动。这些活动指向不同，如基础设施建设的指向是水资源的开发利用，包括存蓄、分配、使用，目标是提高水资源开发利用率，保证农村生产生活用水；生态建设的指向是农村生态建设，目标是巩固干旱治理的生态基础，提高水资源的天然存蓄能力；劳动力转移的指向是干旱造成的农民失业，目标是缓解干旱带给农民的经济损失。在各种活动开展的过程中，服务体系建设是保证各种活动顺利进行的软件设施。在不同的活动中，涉及农业的活动成为农村干旱治理的重点，因为干旱治理的一个主要目标都是为了维护正常的经济秩序，而农业是农村的基础性产业，同时又是农村的耗水大户。所以，农业干旱治理成为云南农村干旱治理的重要内容。基于以上思考，本项研究的研究内容如图1-2。

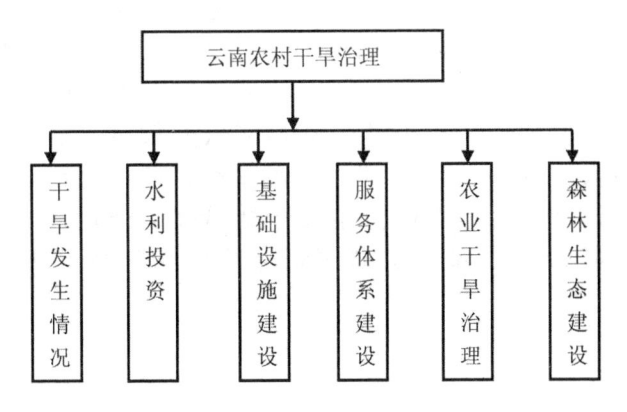

图1-2 云南农村干旱治理研究框架图

云南农村干旱治理
- 干旱发生情况
- 水利投资
- 基础设施建设
- 服务体系建设
- 农业干旱治理
- 森林生态建设

在研究内容上，本项研究有一个特点，即把水利发展看作是干旱治理的一个内容，而不是把干旱治理看作是水利建设的内容。在此，本项研究认为，水利要解决的问题有二：一是水多的问题；二是水少的问题。水多的问题是指防汛抗洪；水少就是干旱问题。从目前云南的现状来看，水多的问题主要集中在六大江河流域附近，从区域看，主要集中在滇西南。而水少的问题分布较广，即使在水多的滇西南也有零星分布。在这样的背景下，防汛抗洪区域性问题特征突出，而干旱问题全省性特征突出。所以，本项研究把水利发展看作是干旱治理的一个重要内容，其目的是调节水资源的区域性、季节性分布，为广大农村居民提供生产生活所需的水利服务。因此，在下文中出现水利建设或水利发展，主要是指解决干旱问题的水利建设，而不是防汛抗洪。

可以说，农村干旱治理涉及的内容比较广，一本著作不可能一网打尽。因此，本项研究有一个侧重，主要侧重于干旱治理机制问题，而不是工程技术、生产技术方面的问题。研究也不局限于抗旱环节，而是在干旱治理理念下，探讨包括农村水利投资体制、水利基础设施建设、服务体系、农业生产、生态建设等对干旱的影响。正是基于这样的思考，本书首先介绍了云南农村干旱的基本情况。接下来，分别探讨云南农村干旱治理中的水利投资、基础设施建设、服务体系建设、农业生产、森林生态建设几个方面。之所以谈森林生态建设而不谈整个农村生态建设，是因为笔者认为森林在云南农村干旱治理中所起的作用最大。在各个部分，主要就实践、存在的问题、对策三块内容安排展开，实践部分主要包括措施、经验、成效三方面的内容。最后一个部分是本项研究的小结，谈了研究结论及发现。

第二章 云南农村干旱发生情况

云南降水量并不少，多年平均达1086mm，与全球陆面平均的834mm、亚洲的740mm、全国的628mm相比，分别多252mm、346mm、458mm。全省降雨量在600mm至2500mm之间，降雨量差为1900mm，水资源量2222亿立方米，在全国排名第3位，但人均仅5182立方米，在全国排名第4位；耕地平均34602立方米每公顷，居全国第11位。水资源总量虽大，但按照地均计算，全国前10都进不了。进入21世纪以来，云南地表水资源量除2000年、2001年、2007年、2008年略高于历史均值外，其余年份均不同程度偏少。尤其是2009~2011年，全省地表水资源量平均仅有1627亿立方米，较历史同期平均偏少27%；全省降水及入境水量较历史同期平均偏少32.7%。但从水资源量来看，云南仍然是一个水资源大省，水资源丰富与区域性干旱、季节性干旱之间的矛盾成为全省干旱的真实写照，本章将对云南农村干旱情况进行简要介绍。

一、水资源占有变化及干旱特征
（一）21世纪以来水资源占有减少趋势明显

从多年平均降雨量及水资源占有情况看，云南在全国算是水资源大省，但从历史纵向比较来看，21世纪以来，云南降水和水资源量有减少的趋势，这给云南农村干旱治理带来了较大的挑战。2000~2013年云南省降水、水资源占有情况见表2-1。

表 2-1 2000~2013 年云南省降水、水资源占有情况表

年份	水资源总量（亿立方米）	与常年比（%）	年平均降水量（毫米）	降水总量（亿立方米）	与常年比（%）	人均占有水资源（立方米）
2000	2451.85	+10.34	1315.2	5183.58	+7.5	5782
2001	2565.63	+15.46	1393.1	5490.61	+13.9	5984.1
2002	2308.87	+3.91	1251.7	4933.37	+2.3	5328
2003	1699.36	-26.3	1026.6	3930.18	-19.8	3884
2004	2106.3	-4.7	1239	4747.89	-3.1	4771
2005	1846.43	-16.5	1151.8	4413.7	-9.9	4149
2006	1712	-22.6	1099.8	4215	-14	3800
2007	2256	+2.1	1293.1	4955	+1.1	4996
2008	2315	+4.75	1333.8	5111	+4.3	5095
2009	1577	-28.7	963.3	3691	-24.7	3450
2010	1941	-12.2	1185	4541	-7	4224
2011	1480	-33	985.2	3775	-23	3196
2012	1690	-24	1090	4177	-15	3627
2013	1707	-22.8	1190.1	4561	-6.9	3642

资料来源：主要根据《云南省水资源公报》整理而成。（常年指多年平均值，常年降水量及常年水资源量系列起止年份 2000 至 2002 年系参照 1956~1979，其常年水资源量为 2222 亿立方米；2003 年后参照 1956~2000 年，其常年水资源量为 2210 亿立方米。）

从表 2-1 可以看出，从 2000~2013 年 14 年间，有 5 年的降水量比常年平均降水量多，有 9 年降水量低于常年平均降水量。而这 14 年间，降水量最大的年份与最小的年份相比，相差 38.6%，2001 年比 2009 年多出 38.6% 的降水。同时，从与常年平均降水量相比来看，降水量高于常年平均降水量的波动区间较小，在 10% 以内波动，而降水量低于常年平均降水量的波动区间较大，最大达到 33%，说明 2000~2013 年这 14 年间，降水减少的趋势在恶化。付奔也发现，自 2002 年以来，云南全省降水整体呈现逐渐减少趋势，从 2002 年以来，连续十年云南省地表水资源量除 2007 年、2008 年略高于历史均值

外，其余年份均不同程度偏少，且呈现逐年减少的趋势。①

从州市来看，云南省16个州（市）之间水资源占有差异较大。首先，各州（市）水资源占有差异较大。云南各州（市）之间水资源分布极不均衡，体现出南多北少的特点。各州（市）水资源占有之间的差异主要体现在三个方面：一是水资源占有总量存在较大差异。由于降雨在空间分布上的差异，以及地形、地貌等的差异，导致云南各州（市）之间拥有的水资源总量差异较大。通过2000年到2013年14年间云南各州（市）水资源总量的差异可以看出云南水资源分布的一般规律。2000年~2013年云南各州（市）水资源总量见表2-2。

表2-2 云南2000年~2013年各州（市）水资源总量表

（单位：亿立方米）

地区	2000	2001	2002	2003	2004	2005	2006	2007	2008	2009	2010	2011	2012	2013	平均值
昆明	58.71	84.4	81.66	56.86	61.38	60.13	50	65.38	69.5	38.6	46.6	22.9	31.66	37.38	54.65
曲靖	142.74	147.21	134.79	99.04	109.40	110.01	99.6	117.6	125	69.4	92.43	49.8	85.70	61.52	103.16
玉溪	43.69	55.05	58.26	35.35	48.71	39.87	35.2	53.27	46.3	26.6	28.03	21.6	31.96	31.04	39.63
昭通	140.42	123.92	117.5	86.96	84.91	81.64	96.9	106.5	149	85.8	108.1	46.7	121.2	110.9	104.32
楚雄	80.49	108.27	92.64	47.32	62.33	58.64	43.24	71.6	73.8	31.6	39.63	27.2	29.96	33.69	57.12
红河	197.47	232.64	199.31	181.46	183.9	186.7	156.2	212.9	217.1	158.1	148.1	143	156.9	174.8	182.06
文山	119.57	169.83	173.87	140.48	139.6	143.26	116.8	143.6	181.90	110.50	123.8	111.1	133.7	122.8	137.92
普洱	351.92	413.77	330.12	226.58	251.22	250.61	289.2	356.2	331.9	240.9	263.7	254.4	243.3	241.3	288.99
版纳	141.95	134.56	137.89	76.85	91.14	85.87	95.40	97.49	140.80	79.10	71.84	89.3	97.29	108.7	103.45

① 付奔：《云南近年旱灾频发水量之少历史罕见》，来源：云南水文水资源信息网，http：//www.ynswj.gov.cn/article_ show.asp？ID=3779。

（续表）

地区	2000	2001	2002	2003	2004	2005	2006	2007	2008	2009	2010	2011	2012	2013	平均值
大理	134.7	135.93	128.68	69.91	104.1	73.43	61.4	114.3	121.7	76.1	94.08	59.5	53.86	72.18	92.85
保山	189.8	165.83	136.32	120.66	179.70	119.42	111.1	174.5	151.2	101.9	159.4	137.1	141.8	130.2	144.21
德宏	151.33	142.3	101.6	91.32	152.65	95.3	87.6	148	121.3	104.0	130.9	105.5	118.7	121.8	119.50
丽江	107.1	117.51	103.88	63.1	83.76	75.5	47.2	86.31	75.7	67	70.9	45.4	48.41	63.67	75.43
怒江	219.1	181.43	193.42	187.31	225.98	216.57	172.8	192.6	210.3	163.2	285.6	150.0	182.2	160.2	195.80
迪庆	149	120.06	157.68	115.75	146.68	147.66	105.3	128.6	141.3	97.3	152.9	87.06	98.8	112.8	125.75
临沧	223.86	232.92	161.3	100.41	180.5	101.82	143.4	187.1	157.6	125.8	126.1	127.9	115.2	123.7	150.55
全省	2451.85	2565.63	2308.87	1699.36	2106.3	1846.43	1712	2256	2315	1577	1941	1480.2	1690	1707	1975.48

资料来源：根据《云南省水资源公报》整理（版纳指西双版纳州）。

从表2-2可以看出，在云南省16个州（市）中，昆明、玉溪、楚雄水资源总量较小。而通过计算这一结论更加清晰，2000~2013年的14年间，昆明、曲靖、玉溪、昭通、楚雄、红河、文山、普洱、西双版纳、大理、保山、德宏、丽江、怒江、迪庆、临沧16个州（市）年均水资源总量分别为：54.65、103.16、39.63、104.32、57.12、182.06、137.92、288.99、103.45、92.85、144.21、119.50、75.43、195.80、125.75、150.55亿立方米。从总量上看，最低的是玉溪市，年均仅达到39.63亿立方米，玉溪市、昆明市、楚雄州是云南年均水资源量最低的州（市）。而最高的是普洱市，年均达到288.99亿立方米。

同时，同一州（市）不同年份水资源占有差异较大。以昆明、曲靖、玉溪、楚雄、普洱五个州（市）为例，可以看出云南省各州（市）不同年份水资源总量之间的差异。从五个州市的对比中可以看出，在2000~2013年的14年间，昆明市不同年份水资源最大差异达到了 61.5 亿立方米；曲靖市水资源最大差异达到了 97.41 亿立方米；楚雄州水资源量最大差异是 81.07 亿立方米，且昆明、曲靖、楚雄水资源量最高年份是 2001 年，最低年份是 2011 年。玉溪市水资源量最大差异是 36.66 亿立方米，最高年份是 2002 年，最低年份是 2011 年。普洱市最大差异是 187.19 亿立方米，最高年份是 2001 年，最低年份是 2003 年。

从中可以看出，就分析的五个州（市）14 年的水资源量情况来看，云南各州（市）不同年份水资源量的差异较大。在昆明、曲靖、玉溪、楚雄、普洱五个州（市）中，由于普洱水资源较丰富，即使是水资源较少的年份，也远比其他州（市）水资源量要大得多。而在五个州（市）中，水资源总量最多、最少年份也不完全相同，这说明云南局部地区之间在气候上有较大的差异。由于局部性气候差异，导致各年份之间的降水量不同，由此导致水资源多少年份不相同，也是云南区域性干旱形成的主要原因。

此外，各州（市）人均占有水资源量存在较大差异。总量只是判断各州（市）间水资源差异的一个指标，更重要的指标是人均水资源占有量。实际上，有一些州（市）虽然水资源总量不低，但因为人口众多，人均水资源非常短缺。最典型的是曲靖、昭通、楚雄，下面就以各州（市）2003~2013 年人均水资源占有量的不同，来说明云南各州（市）水资源占有量之间的差异。2003~2013 年云南各州（市）人均水资源占有量见表 2-3：

表 2-3 云南省 2003~2013 年各州（市）人均水资源量

（单位：立方米）

州（市）	2003	2004	2005	2006	2007	2008	2009	2010	2011	2012	2013	平均
昆明	1135	1221	988	812	1056	1114	614	725	352	485	568	824.55
曲靖	1765	1900	1944	1749	2053	2161	1193	1579	844	1445	1030	1605.73

(续表)

州（市）	2003	2004	2005	2006	2007	2008	2009	2010	2011	2012	2013	平均
玉溪	1710	2335	1801	1569	2353	2034	1161	1217	933	1372	1326	1619.18
昭通	1714	1619	1609	1894	2028	2814	1605	2073	888	2289	2076	1873.55
楚雄	1856	2433	2207	1623	2654	2725	1169	1476	1007	1102	1237	1771.73
红河	4520	4549	4330	3594	4855	4939	3558	3291	3154	3439	3807	4003.27
文山	4229	4162	4250	3444	4214	5304	3199	3519	3136	3755	3431	3876.64
普洱	9658	10643	9753	11246	13850	12831	9311	10378	9946	9454	9337	10582.46
版纳	8843	10404	8181	9022	9154	13153	7349	6338	7820	8467	9438	8924.45
大理	2082	3077	2115	1761	3285	3484	2169	2722	1712	1542	2056	2364.69
保山	5042	7453	4889	4538	7121	6137	4113	6360	5428	5582	5097	5614.55
德宏	8714	14409	8281	7523	12576	10237	8759	10809	8642	9654	9787	9944.64
丽江	5639	7432	6311	3889	7098	6206	5462	5696	3616	3836	5017	5472.91
怒江	39684	47079	41616	32852	36334	39562	30476	53379	28090	33832	29725	37511.73
迪庆	34449	43396	40048	28298	34382	37525	25735	38048	21822	34212	27790	33245.91
临沧	4627	8267	4312	6061	7902	6616	5251	5191	5226	4677	4990	5738.18
全省	3884	4771	4149	3800	4996	5095	3450	4224	3196	3627	3642	4075.82

资料来源：根据《云南省水资源公报》整理（版纳指西双版纳州）。

从上表 2-3 可以看出，同一年份，云南各州（市）之间人均占有水资源量是不同的。同时，11 年间，各州（市）年人均占有水资源量也是不同的。2003~2013 年的 12 年间，昆明、曲靖、玉溪、昭通、楚雄、红河、文山、普洱、西双版纳、大理、保山、德宏、丽江、怒江、迪庆、临沧各州（市）

年人均水资源占有分别为：824.55、1605.73、1619.18、1873.55、1771.73、4003.27、3876.64、10582.46、8924.45、2364.69、5614.55、9944.64、5472.91、37511.73、33245.91、5738.18立方米，全省为4075.82立方米。从中可以看出，水资源占有量最少的玉溪，人均水资源占有量并不是最低的州（市），昆明才是年人均水资源占有量最低的州（市）。而年人均水资源占有量最高的是怒江，其次是迪庆州。而年均水资源量最大的普洱市，也并非年人均水资源占有量最高，排名第三。其中，11年间年人均水资源占有量低于全省平均水平的有：昆明、曲靖、玉溪、昭通、楚雄、红河、文山、大理8个州（市）；年人均水资源占有量高于全省平均水平的有：普洱、西双版纳、保山、德宏、丽江、怒江、迪庆、临沧8个州市。

另外，不同州（市）水资源分布极不均衡。从人均占有水资源看，2003~2013年的11年间，最高的怒江州人均占有水资源量是最低的昆明市人均占有水资源量的45.49倍。因此可以得出如下结论：云南各州（市）之间水资源分布极不均衡，虽然水资源总量排在全国第三，但是，部分州（市）仍然常年处于缺水状态，以昆明市为主；而部分州（市）则由于水资源过多，常年处于防洪、防涝的最前沿。正是因为昆明、曲靖、玉溪、昭通、楚雄、文山、大理、红河2003~2011年人均占有水资源比全省平均水平低的客观现实，这几个州（市）局部性干旱特征明显，尤其是昆明、曲靖、玉溪、昭通、楚雄5个人均占有水资源量不到全省平均水平一半的州（市），也就是我们通常说的滇中区域和滇东北。这些区域由于水资源十分稀缺，所以，干旱发生频率较高。

而在普洱、西双版纳、保山、德宏、丽江、怒江、迪庆、临沧年人均占有水资源高于全省平均水平的州（市）中，保山、丽江、临沧水资源也不丰富，这3个州（市）发生干旱的频率也很高，平衡本州（市）内不同时空之间的水资源分布，保障本州（市）内水资源供给的基本平衡应当是干旱治理的主要思路。而普洱、西双版纳、德宏、怒江、迪庆这五个州（市）水资源相对丰富，又地处几大江河流域的范围内，干旱发生的频率极低，农村水利建设的重点应当放在防洪、防涝；同时保证水质安全，而不是抗旱。

（二）21世纪以来各降雨区干旱化趋势明显

受到降雨量的影响，传统上我们将云南分为极多雨区、多雨区、中雨区和少雨区四个降水区[①]。基于降水量的多少，对干旱治理的需求差异较大。21世纪以来，不同区域水资源占有情况发生了较大变化，但总体上看，干旱化趋势明显，干旱治理的需求开始增大。

1. 极多雨区干旱问题开始出现。极多雨区主要是指多年平均降水量大于2000毫米的地区。在云南，极多雨区主要分布在滇南、滇西南边境地区的金平、绿春、江城、西盟和龙陵等县，其中，西盟县多年平均降水量冠于全省，达2747.6毫米。这些地区有的年份一个月雨量也能超过1000毫米。传统上，极多雨区防洪、防涝需求大，同时很多分布在江河源头，因此，江河治理及与水利相关的泥石流的防治非常严峻。但21世纪以来这些地区降雨量也有减少的趋势，虽然长期性干旱发生的可能性极低，但短时性干旱发生的可能性开始增加。2009年到2013年，德宏州、保山市干旱情况也开始突显，所以，极多雨区出现干旱的可能也开始增加，做好必要的抗旱准备是应对突发性干旱的必然选择。此外，这些地区传统上水多导致水质难保证，饮水安全与防汛抗洪交织，当干旱出现时，饮水安全与干旱交织成为必然趋势，提前采取一些干旱时期饮水安全的防范措施是应对干旱趋势的必然选择。

2. 多雨区抗旱需求压力增大。多雨区主要是指多年平均降水量1200~2000毫米的地区。多雨区主要分布在云南南部、西南部、西部、西北部、东南部、东北部地区，主要是河口、

---

① 本节降雨分区主要借鉴云南省地方志编纂委员会、云南人民出版社出版的《云南省志卷三十八水利志》对云南的分区。

元阳、镇沅、景谷、墨江、普洱、思茅、澜沧、孟连、勐海、勐腊、凤庆、镇康、永德、耿马、沧源、腾冲、昌宁、盈江、梁河、潞西、陇川、瑞丽、贡山、福贡、泸水、屏边、马关、西畴、丘北、罗平、师宗、盐津等县。多雨区中有较大一部分处于大江大河流域区，由于多雨，也面临着防洪的需求；同时，较大一部分属于喀斯特地貌区，虽然多雨，但水来留不住，如丘北、罗平、师宗等，所以，抗旱形势严峻。因此，多雨区水利需求兼具防洪抗旱需求。

传统上，多雨区防洪抗旱需求均衡，这些地区是云南气候、雨水充沛的地方，同时也是云南土地富饶，粮食主产地区。从传统意义上讲，这些地区对水利基础设施的需求主要集中在农田水利基础设施上；但调查发现，2009年以来的连年干旱，云南多雨区受到的影响非常大，这与传统上注重农田水利基础设施建设，而忽略了抗旱水利基础设施建设具有较大的关联。从21世纪以来云南降雨量减少的趋势来看，多雨区对抗旱水利基础设施建设的需求逐渐增大。

3. 中雨区、少雨区抗旱形势严峻。中雨区是指多年平均降水量800～1200毫米的地区，主要分布在滇中地区的昆明、大理州西北部、楚雄州东南部、玉溪与曲靖地区、红河州北部、文山州北部等地。此外，云南西部、南部的保山、思茅地区亦有零星分布。中雨区内人口、耕地集中，是全省主要商品粮基地和工矿企业分布区。

少雨区是指多年平均降水少于800毫米的地区，主要分布在云南北部、西北部、东北部、南部的元谋、中甸、德钦、宾川、弥渡、祥云、姚安、大姚、永善、昭通、巧家、蒙自、开远、建水等县的坝区，其中，楚雄彝族自治州北部的元谋、大姚，大理州东北部的宾川、祥云等地区，位于云岭山脉及其支系北部、东部，地势低且处于西南暖湿气流的背风坡，是全省主要少雨中心，年平均降雨量为500～700毫米之间，而以金沙江河谷最少，宾川年平均降雨量仅539毫米。中雨区和少雨区属于云南最干旱的地区，即传统旱区，近年来，中雨区、少雨区降水进一步减少，抗旱形势严峻。

中雨区、少雨区传统上就是云南抗旱的主战场，历史上就注重抗旱水利基础设施的建设。如降雨较少的大理州宾川县，20世纪50年代，通过人工修建了中型水库海稍水库，20世纪70年代，开始在宾川的南片区（也被称作"上川坝"）①，打深水井，修建机井。20世纪80年代启动了"引洱入宾"工程②，1993年实现通水。近年来，为了抗旱，一些山区也开始修建小水窖。但是，由于降水量偏少，宾川一直是全省旱情较严重的县（市、区）之一。从中可以看出，由于中雨区、少雨区雨量过于偏少，因此，单纯的抗旱水利基础设施建设所起的作用难以实现真正抗旱。从调查来看，这些区域对生态建设的需求增大。

中雨区和少雨区往往是云南生态脆弱地区，近20多年来，生态有恶化的趋势，干旱也在加重。如在宾川县州城镇蹇街村委会，现在接近60岁左右的人都记得，自己小的时候，周围山上都有树，村里、村外都有水，有的村一个村就有几个"地龙"③，有水的地方鱼儿成群，村里水田旱地比较分明。但现在，四周的树几乎没有了，村里的"地龙"也没有了，水田旱地已无法分辨，因为水田没有水了。而在曲靖市会泽县大海乡鲁纳箐村委会，当地50多岁的村民也说，自己小一点的时候，原来村子四周山上都是树，由于天气冷凉，每年到5月份，山上还有没有融化的冰块，当村民要到昆明去的时候，带水就到山上敲一块冰背着，渴了喝冰融化后的水，清凉可口。

---

① 宾川县坝区地理分布呈南北条状分布，南片区以州城镇为界，比北片区干旱。北片区适宜且能够栽种水稻，而南片区一般以耐旱作物为主。

② 通过修建长达五六十公里的宾海大沟，将洱海水引入宾川，被称为"引洱入宾工程"。

③ 当地根据水源情况，从能够出水且出水量大的地方引水到村子，这种引水是通过地下沟渠来完成，所以当地老百姓将其称作"地龙"。引水的做法是先从出水点挖一条沟到村口或需要水的地方，然后用树枝、烧好的碳将其盖住，上面再铺一层石头，最后再盖上土。使用碳的目的是过滤水质，使水清澈无杂质。这样，引水沟渠就变成了地下沟渠。

但现在,四周山上的树没有了,到了冬天也结不起冰块,更别说到 5 月份还能找到冰块了。因此,当地群众都认为,如果山上的树好了,可能水会多起来。虽然中雨区、少雨区水资源减少与全球气候变化有一定的关系,但总体上讲,这些地区在长期重视水利基础设施建设却仍然抗旱形势严峻的情况下,对生态建设与修复的需求增大。

(三) 干旱的特征

1. 季节性干旱特征突出。云南干湿季节明显,雨季(5 月至 10 月)降水量占全年总量的 85% ~ 95%,以 6 ~ 8 月 3 个月最多,一般占全年降水的 55% ~ 65%。雨季中降水日数也多,一般占全年总雨日数的 80 ~ 90%;旱季(11 月至次年 4 月)降水量仅占全年总量的 5% ~ 15%。由于降水偏少,云南冬春干旱是常态,成为我国冬春农业干旱较重的地区。21 世纪以来,云南农作物旱灾面积总在全国前列,其中 2005 年受灾面积 3081.6 万亩,2010 年 4822.5 万亩,均居全国第一。

2. 区域性干旱特征突出。云南降水量分布极不均衡,一些地区年降雨量在 2000 多毫米以上,而一些地区年降雨量不足 700 毫米。近年来云南连年干旱,但部分地区仍然雨量充沛,干旱发生率极低。总体上看,2003 年至 2013 年 11 年间年人均水资源占有量低于全省平均水平的昆明、曲靖、玉溪、昭通、楚雄、红河、文山、大理 8 个州(市)是云南干旱发生的重灾区,尤其是昆明、曲靖、玉溪、昭通、楚雄 5 个人均占有水资源量不到全省平均水平一半的州(市),此外,保山、丽江、临沧也经常发生干旱。目前,全省有 11 个州市季节性干旱非常严重。

3. 干旱综合性特征突出。云南干旱的一个典型特征是季节性气象干旱与区域性气象干旱并存,并由此引发季节性、区域性水文干旱、农业干旱和社会经济干旱。从气象干旱来看,2009 年至 2012 年,云南全省年降水量均低于多年平均水平,2011 年、2009 年降水量为有气象记录以来的最少年和次少年。而 2009 年至 2012 年的年平均气温均高于多年平均水平。2009

年9月至2010年4月，全省平均气温较历史同期偏高1.5℃，为1961年以来历史同期最高值。

从农业干旱来看，旱灾历来是云南农业自然灾害之首，干旱受灾、成灾和绝收面积往往占到农业自然灾害的8成以上。农业干旱已经成为阻碍云南农村经济发展的最重要因素之一。

从水文干旱来看，从2002年到2012年，云南地表水资源量除2007年、2008年略高于历史均值外，其余年份均不同程度偏少。尤其是2009年至2012年，全省河道来水量较历史平均偏少33.8%，库塘蓄水连年下滑。蓄水分布不均，滇中地区的昆明、楚雄、玉溪和滇西的大理、丽江库塘蓄水严重不足。

从社会经济干旱来看，社会对水的需求通常分为工业需水、农业需水和生活与服务行业需水等。每当干旱发生时，最直接的影响就是农业生产、农民生活用水短缺，土地荒芜，农民饮水困难，大牲畜饮水困难等等，水资源难以满足农业生产需求、农民生活用水需求。

二、干旱的原因

云南作为一个水资源大省，还出现十年九旱的现象，这既有自然的原因，也有一些人为的因素。蒋太明认为，从人为因素讲，人类活动是气候与社会经济系统的连续点，它对干旱的形成有一定作用，对干旱成灾起着决定性的作用：一是毁林导致干旱；二是不合理的作物种植和农业技术导致干旱，就水分而言，如果所采用的作物种植和农业技术对水分的需求大于种植地所能提供的水分，就会发生干旱。[1] 笔者认为，导致云南干旱的原因较多，主要有以下几个方面：

（一）气候与生态变化导致干旱

一是全球气候变化异常。近年来，气温升高，水分蒸发量

---

[1] 蒋太明主编：《山区旱地农业抗旱技术》，贵州出版集团、贵州科技出版社，2011年1月出版，第30－32页。

增加,但降雨量不增,是导致云南干旱的原因之一。如2009年以来,受大气环流和海洋温度异常等因素影响,下沉辐散气流长期控制云南区域,引起区域降水持续偏少。更为严重的是降水偏少幅度最大的时段出现在雨季,不但严重影响农作物生长,而且导致库塘蓄水严重不足,给来年的供水安全带来挑战。

二是水资源时空分布不均。云南85%的降雨量集中在5月至10月的雨季,其他时段为旱季,旱季缺水严重。同时,区域性用水和水资源分布之间存在矛盾,占全省土地面积6%的坝区集中了全省2/3的人口和1/3的耕地,但水资源量只占全省的5%,这种水资源的区域分布与需求之间存在矛盾,导致水资源需求大而占有不足地区常年处于干旱的困扰之中。

三是森林保水功能不足。虽然近年来云南森林覆盖率不断上升,但人工林、速生丰产林比重大,森林保水功能弱化。同时,在不断上升的森林采伐指标下,林龄结构偏低,导致森林保水能力不足。

(二) 水利基础设施薄弱与水资源利用率低加剧干旱

一是水利基础设施薄弱,工程性缺水突出。云南大中型水利偏少,小水利数量不足,导致全省水利工程保障能力低。云南已建成的水库97%是小型水库,调蓄能力弱;全省人均蓄水库容不到全国的1/2,水利工程人均供水能力仅为全国的64%。

二是水资源开发利用难度大。从地形、地貌来看,云南省是我国岩溶分布较广的省区之一,岩溶面积达到11.09万平方公里,位居全国第二位,占全省国土面积39.4万平方公里的28.15%。全省有118个县(市、区)存在岩溶分布,占129个县(市、区)的91.47%。其中有65个县岩溶面积超过国土面积30%。岩溶地貌最典型的是喀斯特地貌,在云南省的东南部、东北部分布较广。岩溶地貌造成水资源保持困难。加之云南山区、半山区面积占94%,山高坡陡谷深,降雨径流大部分下渗至地下,往往形成"水在下面流,人在上面愁"

的状况，水资源开发利用难度非常大，水资源利用率低，仅为7%（不含水电开发形成的库容），不到全国的1/3。同时，云南各州（市）之间水资源利用率差异也较大。以2010年为例，水资源利用率超过10%的仅有昆明、曲靖、玉溪、楚雄、红河、大理六个州（市），最高的是昆明市，达到44.86%。水资源利用率高的州（市）除了红河外，总体上处于缺水状态。最低的是怒江，仅达到0.67%；迪庆排在倒数第二，为1.07%。原因是水资源难以利用。水资源利用率低，成为云南干旱的重要原因。

　　三是水资源浪费严重。目前，导致云南干旱的一个重要原因是水资源浪费严重。以2012年为例，云南全省用水消耗量达到85亿立方米，其中，生产用水消耗量76亿立方米，居民生活用水消耗量8亿立方米，生态环境用水消耗量1亿立方米，全省综合耗水率56%。消耗量不等于浪费，但消耗量中的一部分是浪费掉的水资源。目前，云南农村水资源浪费体现在两个方面：一是生活用水浪费。调查发现，云南农村居民节水意识普遍较强，但仍有部分村集体自筹经费或在政府补助下修建的集体蓄水设施及供水设施不收水费，因而导致农民节水意识淡薄，有时水龙头一开就是几个小时，甚至开着不关。二是农业生产用水浪费。一方面是节水灌溉技术应用范围不广，农作物灌溉造成的浪费；另一方面是因为水利基础设施不完善，水资源在输送过程中造成的浪费，典型如土沟过水导致的浪费。

　　除了农村对水资源的浪费外，城市水资源浪费现象也很普遍。城市水资源浪费主要是居民用水浪费和水利工程破坏造成的浪费。目前，云南城市居民节水意识不断增强，但仍然存在部分家庭因为供水设施陈旧、老化，用水设施老化漏水而没有及时维修，导致水资源浪费。昆明电视台经常报道一些家庭水费突然增加，后来发现太阳能漏水就是典型代表。

　　而水利工程破坏造成的水资源浪费现象更普遍。如昆明供水管网达2300多公里，分布在市区各个片区，形成网状接到各家各户。自来水管道破损的类型从管径15毫米到1600毫米都有,而大部分都为施工损坏。管径在800毫米以上的为主干管,400至700毫米的为次干管。损管中300毫米以下的管道占较大比例,其中,管径在200毫米以下的管道破裂比例占60%。按管径100毫米计算,管道一旦破裂,平均每小时将流失80方自来水。管道口径越大,流量就越大。如果不及时止水,从裂口处流失的自来水量直接以正比例剧增。为逃避责任,一些施工单位不及时报修,造成水资源浪费形势加重。如2012年人为损管106次,64万立方米自来水白白流淌,直接经济损失达206万元。64万立方米自来水,按照三口之家每月用水量10立方计算,够5000多户用1年。① 按照农村一个4口之家年均生活用水(按照72升/人/天,一年365天)105.12立方米计算,够6088户人家用1年。仅昆明市一年工程性损坏造成的水资源浪费就够6000多户农村居民用1年,那么全省城镇工程性损坏造成的水资源浪费至少可以够30000户以上农村家庭用一年。②

(三) 经济社会发展战略加剧干旱

1. 旅游产业发展加剧农村干旱。云南独特而丰富的旅游资源,其优势集中表现为景观多样性、不可替代性、原始神秘性、与我国东部和东南亚、南亚地区的互补性等方面。多年来,云南围绕"气候、山水、民族、通道"的独特性,努力打好民族文化牌、气候牌、生态牌、区位牌,全力打造旅游精品名牌,提升旅游产业整体素质。已经形成了滇中、滇西北、滇西南、滇西、滇东南、滇东北等六大旅游片区,及以昆明为中心、旅游重点城市为结点的旅游集散中心和旅游目的地体系。目前,旅游业已经成为云南上千亿元的大产业,云南省

---

① 朱家吉:《4个月昆明白白淌掉18万方自来水》,云南网,2013-04-24,http://yn.yunnan.cn/html/2013-04/24/content_ 2705489.htm。

② 此处只是按照城镇人口与相应的水利基础设施配套作一个简单的计算,即按照昆明城镇人口占全省约五分之一计算。

委、省政府也始终把旅游业的发展放在赶超中、东部，实现强省战略的重要位置。在我们看到旅游业带动云南经济快速发展的同时，旅游业对云南农村水利建设提出的挑战很容易被忽视。

旅游业的发展，带来了人口的流动，包括省内人口的流动及省外人口在云南的停留与生活。云南省内人口的流动不会增加供水需求，但省外人口在云南的流动，将增加供水需求。由于城市供水来自于农村，因此，旅游业的发展将增加云南农村供水压力。2010年，云南省接待省外旅游者比重达到64.31%，比2005年的61.7%提高了2.61个百分点，年均增加0.5个百分点以上。不考虑这一比例的快速变化，仅以60%计算，2010年云南全年接待国内外游客1.63亿人次，其中，省外游客达到0.978亿人次。同期，云南海外入境旅游者在滇平均停留天数从2005年的2.06天提高到2010年的2.48天；国内游客在滇平均停留天数从2.05天提高到2.58天。以一个中间数2.5天计算，且按人均用水最低标准65升每天计算，省外游客每年用掉1589.25万立方水。按照目前云南每年旅游人数平均增加15%计算，未来10年，云南每年新增省外游客至少达到1500万人次以上，按照目前的标准计算，每年至少增加243.75万立方米的供水需求，到2020年将至少增加2437.5万立方米的供水需求。随着省外游客到云南停留时间的增加，以及用水的增加，云南农村供水压力也会随之增大，农村可能会因此而干旱。

2. 城镇化提速加剧供水压力。"十一五"期间，云南城镇化率从"十五"末的29.5%提高到"十一五"末的36%，年均提高1.3个百分点。在"十二五"规划中，云南提出了使城镇化率从36%提高到45%的目标，年均提高1.8个百分点，比2000年到2010年快0.5个百分点。城镇化是建立以城带乡、以乡促城的重要战略措施，但与城镇化相伴而来的是人的生活方式和生活需求的改变，其中，用水需求变化增加了云南农村供水负担。农业人口转移进入城镇具有一系列的外在表现，如住进楼房、享受城镇的基本公共服务等，这些是比较明显的变化。而一些细小的变化不容易被发现，如生活用水需求的变化。当农业人口居住在农村时，云南农民基本不需要水来冲厕所。在一些有小水库、有溪流的地方，农民在水库和溪流中洗衣服，大家共同使用部分水资源，尤其是在水库中洗衣服，除了会造成少量的污染外，基本不会影响水资源的存量。但农民进入城镇后，这一切完全改变了，厕所需要水冲，洗衣服只能在水管面前，衣服一洗，水就少了，尤其是用自动洗衣机来洗衣服。因此，随着农业人口转移进入城镇，人们的用水需求发生了变化，这个变化不是变少了，而是变多了。目前，云南城镇人均每天生活用水 125 升，农村人均每天生活用水 65 升，那么，每个农业人口真正实现从农村转移进入城镇，将增加生活用水需求 60 升，由此也就带来了 60 升的新的供水压力。

总体上讲，云南城乡居民用水，都来自于农村的蓄水，因此，农业人口转移进入城镇带来的供水需求的增加，将给云南农村水利建设带来供水方面的压力。2011~2020 年，云南省农业人口转移进城年均增加 100 万人左右。按照每个农业人口转移进入城市带来 60 升的新的供水需求算，每年城镇人口增加 100 万人，次年将增加供水需求 2190 万立方米，到 2020 年，将增加 21900 万立方米的供水需求。

当然，这种计算不精确，原因主要是 2011 年到 2020 年间，云南每年实现转移进入城镇的农业人口中，有一部分已经在城镇居住和生活；同时，也有一部分是城郊的农民，他们的生活习惯与城镇居民已没有差别，因此，未来十年，城镇化将增加 21900 万方的供水压力给农村，只是一个简单计算的结果，意在说明城镇化将给云南农村水利建设带来新的挑战，主要是供水方面的压力。因此，在城镇化实施过程中，或者在制定城镇化发展规划的过程中，我们就需要做好水利方面的配套工作，以减轻城镇化对农村水利工作带来的新压力及干旱问题。

(四) 人口增长与结构变化加剧干旱

一方面，人口增长加剧云南农村干旱。人类的生存离不开水，每一个生命的存在与延续都需要水的支持。因此，人口的增长将带来水资源消耗的增加，由于水资源主要由农村供给，这将增加农村供水的压力。根据云南省第六次全国人口普查显示，云南全省普查登记总人口为4596.6万人。同第五次全国人口普查2000年11月1日零时的4287.9万人相比，十年共增加了308.7万人，增长7.20%。平均每年增加30.9万人，年平均增长率为0.70%，人口增长幅度明显低于第五次全国人口普查前十年增长率15.97%和年平均增长率1.44%。同时人口自然增长幅度降低，云南省人口增长已平稳地度过了生育高峰期。到2010年底，云南全省总人口4601.6万，自然增长率6.54‰。2011年年末，云南全省常住人口为4631万人，比上年末增加29.4万人。全年出生人口58.8万人，出生率为12.7‰；死亡人口29.6万人，死亡率为6.4‰；自然增长率为6.35‰，比上年下降0.19个千分点。虽然云南人口增长高峰期已过，但年均增长人口仍然在30万人左右。

上面已提到，城镇人口增加即城镇化将增加云南农村供水压力。在此我们仅讨论单纯的人口增长对农村水利建设的挑战。如果我们按照2011年到2020年，云南年均人口增加在30万左右，按照最低标准即农村每天每人的供水需求65升计算，次年（按照365天计算）将增加711.75万立方米供水需求，10年后，人口增长将给云南农村带来7117.5万立方米的供水压力。

另一方面，人口结构变化对云南农村干旱的影响较大。近年来，云南外出打工人数越来越多，大部分是年青人，导致农村人口结构偏向老龄化和低龄化，即通常说的"空心化"，"空心化"背景下，农民大多是老弱幼，抗旱自救能力自然就弱。目前云南农村人口"空心化"开始显现。云南虽然不是全国的打工大省，但21世纪以来，尤其是2009年连年干旱以来，外出打工人数基本维持在600万左右。由于老人、小孩外出打工不便，所以，人口"空心化"现象比较明显，尤其是在昭通市、曲靖市、文山州等外出打工较多的州（市）。

面对干旱，为了贯彻"农业损失务工补，田里损失田外补"的抗旱保民生思路，2010年3月云南开始实施"云南省农村劳动力转移就业特别行动"，"特别行动"每年促成200万以上旱区农村劳动力转移就业；一些村庄大部分年轻人外出打工，只有老人儿童留守在家，形成大量的"空心村"。巍山县南诏镇茨芭村400多口人，从2010年开始，常年在外打工的人数就达到了300人左右，村里留守的更多是老人和小孩。①禄劝彝族苗族自治县则黑乡拖木嘎村大坪子村小组共有28户、78人，由于缺水，全村已有12户人家外出打工，现全村只有35人在村子，不到全村人口的一半。② 干旱在影响农业生产的同时，进一步加剧了农村的"空心化"，"空心村"留守老人、儿童自我抗旱能力极弱。

当前，随着城镇化的迅速推进，以及"劳动力转移就业特别行动计划"的实施，云南农村"空心化"趋势将更加明显，农村"空心化"给云南农村带来的问题也非常复杂，我们日常看到了留守儿童、留守老年人的问题只是一个集中表现。其对云南农村水利建设的影响往往不容易被发现，实际上，农村"空心化"对云南农村水利建设的影响非常大，如果处理不好，将严重影响云南农村水利建设的进程。

农村"空心化"对云南农村水利建设造成的影响主要有二。一是使农村普遍缺少建设水利基础设施及维护水利基础设施的青壮年劳动力。目前，云南大部分农村地区涉及村集体的水利基础设施，由于投资相对有限，还需要群众投入部分劳动力，在这样的背景下，农村"空心化"使得一些村庄没有青

---

① 彭戈：《干旱〈移民〉之困》，《中国经营报》2012年3月21日，《中国民族宗教网》，http://www.mzb.com.cn/html/report/288087-1.htm。
② 李竞立、和光亚、王艺霏：《禄劝彝族苗族自治县28户干渴村民期盼搬家》，《云南日报》，云南网，http://special.yunnan.cn/2008page/society/html/2012-03/06/content_2078004.htm。

壮年劳动力可以动员，水利设施建设的进度受到严重影响。在近年的大旱中，农村的"空心化"使农村缺少青壮年劳动力，当大旱之年少有的降雨到来时，一方面，雨水不能充分存蓄，进一步加剧水资源短缺问题；另一方面，导致农业生产不能"因雨抢种抢收"，进一步加重干旱对农业生产的影响，导致基本农产品有效供给不足。

二是农村"空心化"将导致云南农民对水利基础设施建设的投资积极性降低。在"空心化"比较严重的村庄，老年人大多由于年老体弱，生活开支主要由在外打工的子女寄回来，已经放弃了农业生产。这问题在2009年后连续干旱中表现得特别明显。老年人连农业生产都放弃了，对农业水利设施的投资热情自然也就没有了。另外，一个比较严重的问题是，我们在调查时有基层干部讲述过，留守老年人、留守儿童在干旱中有基层党委政府、村委会负责送水，确保饮水安全，也因此造成部分留守老年人的惰性，放弃投资户用水利基础设施。

由于城镇化战略和劳动力转移就业政策的推动，农村"空心化"已经成为一种趋势，在这样的背景下，我们必须看到农村"空心化"给云南农村干旱治理带来的两大挑战，尽快制定切实可行的政策，推动云南农村水利快速、有序发展，提高农村抗旱能力。

（五）水资源管理收益不明确加剧干旱

目前，通过小型水利管理体制改革，云南农村小型水利基础设施及"五小水利"以农民为主的管理主体格局初步建立，但是，蓄集在水利基础设施中的水资源管理主体不明确，仍然是加剧干旱的一个大问题。

2012年2月，昆明电视台播出了一段新闻，随后，云南网等也进行了报道，报道讲述了一个村小组长卖水的事件，通过事件我们可以看出云南农村水资源管理主体模糊的问题。报道讲到："昆明市官渡区兔耳关社区是干旱比较严重的社区，所管辖的几个村庄中，除了关箐村的人畜用水基本得以保证外，其余几个村庄都严重缺水。但记者进入关箐村，映入眼帘的是一股从水管里不断流出的清水,这样严重干旱的季节,如此浪费水让人倍感心疼。这些流出的清水最终会流进村口的一个大约 30 平米的大坑,坑里储蓄着一些泛着绿色的水,在大坑下方有一个沉淀池。这个大坑和沉淀池就是村小组长李某挖的,池边摆放着水管和抽水机。这么做的目的是为了将水储蓄起来,高价卖给杨梅箐和大水塘这些缺水的村庄,大车 300元、小车 200 元。记者到杨梅箐村也得到了证实。一名村民介绍说,他们村里早就没水了,都是从关箐村拉水过来,一车200~300 元,最多只能维持 20 来天,需要水的时候就打电话,李某就会拉水过来。李某用小型抽水机将沉淀池里的水抽到一辆拉水车内(由货车改装的罐车),抽满一车水大概用 3个小时,水抽满后,汽车驶向了杨梅箐村方向。记者随后采访了村小组长李某,李某坦言,村口的水池是自己挖的,送水车也是自己买的,卖水收钱天经地义。针对李某的行为,兔耳关社区主任姜继兴说,关箐村小组没有蓄水池,多余的水就淌掉,李某就在下游挖了一个水池,多余的水储起来送给农户,但送水过程中会产生汽油费,他可能会收取一定的费用,既然自己买了一辆车,除去油料钱,他也要有点报酬。"[①] 媒体对此事件的评语是发"旱财"或发"横财"。从感情上看,给出这样的评语情有可原,但如果认真反思,我们应当感谢这名村长,而不是批评这名村长。

  首先,李某把可能浪费掉的水资源挖坑储蓄起来,没有让关箐村小组多余的水资源浪费掉,这在大旱之年,为我们储存了有限的水资源。如果没有李某,记者描述的"映入眼帘的是一股从水管里不断流出的清水,这样严重干旱的季节,如此浪费水让人倍感心疼",这样的现象将变成现实。但正是因为有李某存在,这些多余的水资源没有白白浪费。

  其次,李某事件让我们看到水资源管理主体的缺位。关箐

[①] 主要根据周婷:《昆明官渡一村小组长卖水发"旱财"》整理,云南网,http://www.yn.chinanews.com/pub/2012/yunnan_0222/42933.html。

村有多余的水资源，那么，这些水资源由谁来管理呢，既然社区也知道这件事，那么，相信街道办事处或镇政府也知道这件事，但没有谁出面对多余的水资源进行管理和利用。也许有人会说，多余的水资源由村小组来管理，那么我们不得不提出一个问题：村小组拿什么来管理，尤其是管理有经济基础吗？如果没有资金支持，让村民小组免费管理是不现实的。如果是这样，即使村民小组来管理，也必须收取一定的水费，这样的话，私人管理与村民小组管理没有太多的差异。而李某收取300元每车水，水的重量估计在20吨左右，这是否就是媒体计算的发"横财"呢？稍有知识的人都知道，李某拉一车水，从抽水到将水放给村民，再回到家，差不多一天就没了，按照目前昆明周边100到150元一天的工价，我们姑且算他100元，外加货车重车耗去至少50元的油钱，那么，就用去了150元。如果再把车的折旧费、各种税费算上，一天至少也要50元，这样，李某一车水20吨，实际的水费只有100元左右，那么，每吨水的水价只是5元，与昆明市目前4元一吨的水费相差不大。从中可以看出，李某运水贩水算不上发"横财"，而是从侧面反映了云南农村水资源管理主体的缺位。

最后，李某事件还告诉我们一件事，抗旱是需要成本的；同时，道义上的免费抗旱是不能持久的。抗旱不可能没有成本，需要投入必要的人力、物力。假如李某没有从事拉水卖的事情，关箐村多余的水资源即使不收钱，兔耳关社区杨梅箐和大水塘村的村民可以自己到关箐村拉水。在此，我们可以简单计算一下成本。由于没有李某挖水池，杨梅箐和大水塘村的村民到达关箐村后，就只能从水管里面接水。假如两个村的村民都用大货车来拉水，那么，接满一车20吨左右的水，估计要用一天的时间。来接水的人一天的时间就耽误了，回去后再将水放给村民，也需要几个小时。加上大车来回的油钱及各种税费，拉一车水的成本估计可能高出李某的300元。从中可以看出，无论是自救抗旱，还是他人来帮助抗旱，都是需要成本的。

目前云南在抗旱中所做的免费送水，也是需要成本投入的。因此，在目前有限的投入下，不可能实现所有的村民都免费送水。而且，送水也只能是暂时的，不可能无限制地延长下去。因为抗旱是需要成本的，道义上的免费抗旱是不可能持久的。通过上面这个典型的例子可以看出，虽然水资源国有已经有水法的限制，但水资源国有前提下，也需要通过管理主体的管理活动来体现。目前，由于国家对投资水利基础设施及水资源管理的法律、法规不健全，致使投资云南农村水利基础设施及水资源管理的收益权没有明确规定，所以，无论是政府还是村集体，对于水利基础设施及水资源的管理投资积极性不足，由此导致了水资源管理主体的缺位，水资源浪费严重，这无疑加剧了农村的干旱。

除了以上几个方面外，水污染严重也是导致农村干旱的重要原因。随着工业化和城市化的迅猛发展，工业和城市居民生活对水的污染加剧；而"石油农业"战略下农药、化肥对水的污染、农村畜牧业对水的污染严重；随着农村人口的增加及农民生活水平的提高，农民生活对水的污染加剧。在这样的背景下，云南全省水体污染严重，自20世纪90年代开始，以滇池为代表的高源湖泊被污染而不能使用，部分河流也因工业排污、农药化肥、生活污水污染而停止使用。由于城市周围水体污染严重，不得不向更偏远的农村地区调水，这使人均偏少的水资源更加短缺，无形中加剧了云南农村干旱。

综上所述，云南农村干旱的成因较复杂，既有气候、水资源分布等自然因素，也有水资源浪费和水污染等人为因素，还有水利基础设施供给不足等经济社会发展的客观制约。客观地讲，人为因素成为云南农村干旱的根本原因，这既与发展观有关，也和人口、经济发展与水利发展不匹配，部分经济社会活动对水的需求超出水资源供给及水利服务的承载能力有关，要从根本上扭转云南农村季节性、区域性干旱的现实，就必须对人类活动与水利发展的承载能力进行评估，在此基础上合理规范人类行为，实现经济社会与水利的协调发展。

三、干旱的影响

有学者指出,干旱对农业生产具有多重影响:一是长周期的干旱变化在全球形成不同类型的干旱区,并使其农业生产潜力明显低于其他地区;二是短周期干旱变化往往给现有农业生态系统带来突发性灾害,造成森林蓄积量减少、作物和牧草产量降低以及牲畜死亡;三是引起人类饥饿、社会动乱、经济萧条;四是频繁的灾害迫使人们大量地投入农业资源,使农业成本提高。①《中国抗旱战略研究》的作者认为干旱灾害对粮食安全、农村人畜饮水安全、农村生态环境的影响很大,并将造成粮食经济损失、加大抗旱救灾投入,即造成直接经济损失,进而对农民收入、农业生产结构造成负面影响。② 回到云南,干旱对农村的影响面较广,其最直接、最直观的影响是经济层面,接下来影响到社会层面、生态环境层面。

(一)对农村经济方面的影响

干旱对云南农村经济层面的影响体现在两个方面,一是农业生产上的减产、减收;二是抗旱投入的不断增加。也就是通常说的干旱导致的直接经济损失不断加大。仅就农业生产来讲,干旱对云南农村经济方面的影响主要有三个方面。

1. 农业减产,农民减收。农业生产减产,一方面是因为干旱缺水无法种植,另一方面是因为干旱缺水导致颗粒不饱满,农业减产。进入 21 世纪以来,干旱对云南农村经济造成了较大的影响。2000~2012 年的 13 年间,干旱给云南农业带来的直接经济损失高达 488.86 亿元,年均损失高达 37.60 亿元。具体情况见表 2-4:

---

① 蒋太明主编:《山区旱地农业抗旱技术》,贵州出版集团、贵州科技出版社,2011 年 1 月出版,第 39-40 页。
② 水利部水利水电规划设计总院主编:《中国抗旱战略研究》,中国水利水电出版社,2008 年 11 月出版,第 137-149 页。

表2-4 2000~2012年云南旱灾害损失情况表

年份/灾害损失	受灾面积（万亩）	成灾（万亩）	因旱绝收面积（万亩）	农业经济损失（亿元）
2000	310	170		
2001	873			20.61
2002	1074.12			16.39
2003	1296			13.36
2004	1411.83	816.68		25.9
2005	1954.5	142.5		53
2006	993.40	651.98		37
2007	703.33	351.00		
2008	1067.49	538.38		19.8
2009	1293	948		34.1
2010	2856.8	1850.92		138.9
2011	1232	590		80
2012	460.37	276.80	160.01	49.80
2013	1173	537	128	100

主要根据《云南省水资源公报》《中国水旱灾害公报》整理而成（2007年干旱的经济损失数据没有公布，故只有受旱面积）。

按照2013年云南省农村土地承包家庭8592967户计算，户均分摊的经济损失达到437.57元。当然，这一结果没有扣除云南省各级政府投入农村抗旱的资金，如果扣除全省各级政府投入抗旱的资金，在2000年~2012年的13年间，云南农村居民每年户均因旱导致的经济损失约在300元左右。以一个村子的例子可以看出一斑，红河州开远市羊街乡卧龙谷村委会老燕子村因种植"云恢290"而成为远近闻名的"稻米村"，每亩水稻种植毛收入达到4000多元（老燕子种植的"云恢290"亩产谷子600公斤左右，可卖到7元~8元每公斤）。全村人均1亩水田，2012年，因为干旱，全村200多亩水稻无法栽种,农民损失80多万元。全村56户人家,户均减少收入1.4万元以上。从老燕子村的例子可以看出,云南农民因旱损失较大,如果干旱带来的经济损失能够降低,农民收入水平将相对提高。

2. 农业产业结构被迫调整,粮食安全问题突出。由于干旱,水稻等需水量大的粮食作物无法种植,所以,2009年至2013年初的干旱中,云南有300多万亩水稻改种其他作物。全省因此需要从邻国、邻近省份,甚至东北多进口10亿公斤谷子(按照500公斤/亩的产量计算),至少要多进口6亿公斤以上的大米。一方面导致云南大米自给率下降;另一方面,由于运费增加,全省居民用于粮食的支出无形中增加。

3. 蔬菜价格上涨,农民生活支出增加。受到干旱的影响,各种蔬菜上市时间推迟,部分地区因旱蔬菜减产或绝收,导致蔬菜供不应求,所以每逢干旱云南各地蔬菜价格普遍上涨。如2012年1至3月,蔬菜价格大幅上涨,以大白菜为例,1月6日批发价为0.60元/公斤,3月7日报价为1.10元/公斤,涨幅近50%。从1月到3月,土豆、大蒜、黄瓜、莲藕等蔬菜价格每公斤上涨0.5元左右。随着蔬菜价格的上涨,城乡居民生活支出随之增加。以4口之家每月消费60公斤蔬菜计算,每月支出至少增加50元,这对一些低收入家庭来说,无异于"雪上加霜"。

(二)对农村社会方面的影响

1. 改变农村人口结构,加剧农村"空心化"。由于干旱,农业生产无法正常开展,农田无法耕种,青壮年农民为了生存及养家,不得不外出打工,只有老人儿童留守在家,形成大量的"空心村"。从全省来看,因为干旱,全省每年外出打工人数比正常年份多100万人,导致云南农村区域性"空心化"形势严峻。"空心化"的加剧使农村人口结构发生了改变,在农民市民化政策的推动下,部分"空心村"在20年、30年后可能变成无人村,导致全省村庄结构变迁。

2. 加剧农村贫困,增加社会救济的压力。由于干旱,云南省暂时性返贫现象突出。从全省来看，2009年到2010年4月，干旱造成云南823万人需要口粮救助；2011年，到年底云南省因旱灾造成需要救助的还有225.8万人；2012年，到2月底，云南省因旱灾造成需救助人口增加到231.38万人；2013年1至4月，全省因旱灾需救助人口269.77万人。从农户来看，在大部分青壮年因旱外出打工的同时，少部分长年在外打工的夫妻，因留守在家的老人、孩子无力背水抗旱而回家照料老人孩子，因此失去了打工收入；而坚守农村的收入普遍较低，由此导致旱区"因旱致贫"现象。此外，干旱导致的"农产品价格上涨与农民收入减少现象并存"，这无形中使一部分处于温饱线之上的农民感到生活紧张，购买力下降，陷入贫困。临时性贫困人口的出现，对拥有667万（2013年云南农村贫困人口为667万）农村贫困人口的云南来说，无疑增加了社会救济和扶助的难度。

3. 降低小农水改革绩效，加剧农村水利管理困局。2009年11月，云南省启动小型农村水利管理体制改革试点工作，小农水改革的目的是解决管理主体缺乏、作用发挥不充分、造成水资源浪费三个方面的问题，改革的主要措施及内容是明确产权，合理划分小水利管理权限，小（一）型由县上管，小（二）型由乡上管，小坝塘、小泵站、小沟渠由村管；小水窖由村民自己管。到2012年底，全省共有129个县（市、区）基本完成农村小型水利工程管理体制改革，200多万件农村小型水利工程进行了管理体制改革。与小农水改革几乎同时，云南遭遇了连年干旱，几乎所有旱区的小坝塘、小水库都已干涸，管理者不但不能获得收益，还遭受了巨大的经济损失。由此降低了管理者的积极性，进而降低云南农村小型农田水利工程管理体制改革的绩效。

（三）对森林生态及林产业方面的影响

连年干旱，导致云南省部分州（市）出现了"森林长不过砍"的现象，全省林龄结构普遍偏低，保水功能降低，森林的"绿色水库"功能退化。致使森林生态系统修复与干旱形成一个恶性循环的怪圈："干旱导致森林生态功能退化，森林生态功能退化加剧干旱的程度。"目前来看，干旱对森林生态及林产业的影响主要有三个方面。

1. 降低新营造林成效。近年来，在森林生态建设中，云南人工造林达到 600 万亩以上（2013 年达到 656 万亩），但由于干旱，人工造林的成效较低。据云南省林业厅统计，2009 年至 2011 年三年间，云南新造林地受灾、报废面积大，三分之一以上需要补植补造。也就是说，全省人工造林 600 万亩的话，实际成活的仅达到 400 万亩。在 2009 年到 2013 年 3 月的大旱中，新营造林地（营造林 4338 万亩，其中，人工造林 3460 万亩、封山育林 878 万亩）受灾 4134 万亩、成灾 2493 万亩、报废 1641 万亩，直接经济损失 77 亿元。

2. 导致部分林木旱死。在严重的干旱面前，部分耐旱能力弱的林木旱死。据省林业厅统计，从 2009 年到 2013 年 3 月，4 年连旱，导致云南林地受灾面积（扣除新营造林部分）达 6116 万亩、成灾 2337 万亩、报废 1179 万亩，直接经济损失 97 亿元。4 年连旱导致全省自然保护区受灾 1250 万亩，重旱面积达 110 多万亩。干旱还导致部分苏铁、红豆杉、珙桐等国家重点保护野生植物枯死，死亡总数约 10 万株（含火灾损毁），涉及物种 23 种。此外，2009 年到 2013 年初的大旱致使全省 16 个州市、129 个县（市）区林产业不同程度受灾，直接经济损失 83 亿元，间接经济损失 115 亿元。

3. 导致森林火灾、虫灾频发。严重干旱还导致全省森林火灾、虫灾频发。一方面，2009 年以来的严重干旱造成云南森林防火期提前 1 个月、森林高火险期提前 2 个多月。全省除德宏、西双版纳外的 14 个州市持续 4 级以上的高火险天气已接近 60 天，创下全省 60 年来森林防火期提前最早、高火险覆盖范围最广和持续时间最长的纪录。在 2009 年到 2013 年初的大旱期间，从 2009 年 11 月 1 日进入森林防火期后，云南 92% 的林区遭受高火险天气。2009 年秋到 2010 年 3 月 9 日，全省共发生森林火灾 370 起，受灾面积 2.8905 万亩；2011 年，全省发生108起森林火灾。仅2012年一年全省共发生森林火灾299起，受害森林面积2500公顷，与上年同比分别上升160%、260%。另一方面，虫灾呈爆发态势，仅2011年全省就发生林业有害生物面积466.56万亩，成灾率5.8‰。全省2009~2013年4年累计发生有害生物面积达1967万亩，成灾676万亩，直接经济损失33亿元。特别是蛀干害虫木蠹象、次期性害虫蚜类的发生面积分别达到了旱灾前同期的13倍和8倍。

除了以上几个方面的影响外，旱区因水质问题导致的卫生、健康状况堪忧；同时，部分旱区鼠灾、虫灾防控形势严峻。而更为严重的问题是：干旱引起的问题是一个循环的怪圈。首先，干旱造成旱区农业生产受到影响，部分农产品有效供给受到影响，因此导致旱区部分农产品价格上涨，部分旱区群众生活压力增大；而农业生产受到影响，使得部分群众不得不放弃农业进城务工，加剧农村的"空心化"；农村的"空心化"使农村抗旱能力下降，农业生产因此受到影响，进一步加重干旱对农产品有效供给的影响，导致农村暂时性贫困及返贫。

总之，进入21世纪以来，云南水资源有减少的趋势，各种降雨区干旱形势严峻，干旱已经成为云南农村一种常态化的自然灾害。其形成原因复杂，既有气候、地形等自然因素，也有人为因素，还有经济社会发展的客观因素。干旱造成的影响面广，不仅对农村经济发展造成影响，还对农村社会结构、农村生态环境造成深远的影响。在这样的背景下，干旱已经成为云南农村经济社会发展中一个客观存在的现实问题，必须从治理的角度出发，确立应对干旱的长效机制，而不能仍然停留在抗旱思维上，当旱灾发生时才开展行动。应当针对干旱的现实评估，确立应对干旱的具体对策，包括投入多少资源、不同行业如何应对干旱等。一句话，面对区域性、季节性干旱常态化，且范围逐渐扩大的态势，必须尽早制定应对干旱的长期性政策，将干旱治理常态化。

第三章 投资机制与干旱治理

以农业税的取消为标志，改革开放以来，云南农村水利投资经历了"农村税费支持下的农民主导时期"和政府主导时期。在云南农村干旱治理中，政府、企业等社会力量也是干旱治理的重要主体，他们在云南农村干旱治理中扮演着非常重要的作用。而这种主体作用主要通过投资来体现。现阶段，云南农村水利投资结构不合理、抗旱激励机制不完善，要提高农村抗旱能力，必须改善农村水利投资结构，进一步完善有利于调动农民积极性的水利投资机制。本章将集中探讨如何建立发挥各主体积极性的水利投资机制。

一、云南农村水利投资实践
（一）积极发挥政府的投资主导作用

为提高政府在水利投资中的主导地位，2007年，云南省组建了省水利水电投资有限公司，以水利水电投资有限公司作为承贷主体来办理贷款用于全省水利建设；同时，建立财政对政策性贷款贴息制度，鼓励政策性银行加大中长期贷款对水利建设的支持力度。此外，建立健全水利融资担保机制，在风险可控的前提下，鼓励国有大中型企业为水利贷款提供担保；积极开展水利项目收益权质押贷款，鼓励银行业金融机构创新金融产品，增加农田水利建设信贷资金投入。

现阶段，政府已经在云南农村水利投资中占据主导性的地位，这种地位主要体现在投资结构上。一方面，对于大（二）型水库，国家投资70%，地方政府投资30%，也就是说，大型水库完全由政府投资。此外，六大江河治理、各种天然湖泊治理等，完全由政府投资，无需农民投入。从中可以看出，云南农村部分大型水利工程已经形成政府单独投资的局面。

对于小型水利基础设施，政府投资也在逐年增加。根据云南省财政厅、云南省水利厅关于转发《中央财政小型农田水利工程建设补助专项资金管理办法（试行）》的通知（云财农〔2006〕205号），小型农田水利工程设施建设采取"民办公助"的投资模式。中央和省级财政对各项目的补助比例原则上控制在项目总投资的40%以内。根据财政部、水利部关于印发《中央财政小型农田水利工程建设补助专项资金管理办法（试行）》的通知，中央财政对各省项目实行差别比例补助，东部地区补助比例为项目总投资的15%，中西部地区及粮食主产区补助比例为项目总投资的30%。云南属于西部地区，因此，云南省财政对小型农田水利工程建设补助为10%，农民自筹和州（市）、县筹资60%。

除了小型农田水利的直接投资外，目前云南对户用小水窖建设采用奖励性的补助，以通过奖励性的补助调动农民的投资积极性。云南在全省实行统一的标准，对内陆县农户建设20立方米的小水窖，政府给予1500元的资金或物资补助；对边疆县农户建设20立方米的小水窖，政府给予2000元的资金或物资补助。目前，平坝地区建设20立方米的小水窖，非石漠化地区，成本在4000元左右，这些地方一般集中在内陆县，政府补助投资占总投资的37.5%。一些建设成本较高的石山区，建设成本高达8000元，在这样的地区，以内陆县计算，政府的补助投资占18.75%。随着爱心水窖、社会力量援建水窖尤其是烟草援建水窖的出现，部分小水窖建设补助标准达到3000元、4000元，极少数为社会力量全额捐助建设，农民无需再参与投资。

总体上讲，政府在云南农村水利投资中的地位有逐渐加强的趋势。从最初重点关注大中型水利基础设施到重视户用水利设施，政府的地位在增强。目前，政府主体作用发挥的路径有二：一是政府自主确定水利项目，直接投资水利基础设施。这一路径主要体现在江河治理、大中型水库及其配套建设项目中，且投资主体以中央政府为主；二是农民自主确定项目，符合政府资助的要求，政府再给予激励性补助或配套。目前，第二种路径是政府参与农村水利建设的主要途径，主要通过"一事一议、财政奖补"的水利建设项目来实现，地方政府在这一路径中扮演的角色更突出。在政府主导作用的推动下，新中国成立以来到2010年，云南省各级政府对水利的投资总体上呈增长态势。

新中国成立的61年间，云南水利总投资达756.5亿元（不含水电投资），年均投资12.4亿元。通过各个时期的比较来看，云南水利投资的绝对量成倍增长，其中增长最多的是"十一五"时期，比"十五"时期水利投资总量增加272.4亿元。"七五"时期的投资总额首次超过十亿元，而"十一五"时期的投资总量是"一五"时期的1240倍，是"七五"时期的27倍。从年投资增长幅度来看，增幅最快是"一五"时期，其次是"二五"时期，第三是"八五"时期；增长幅度超过100%的还有"五五"、"九五"和"十一五"时期。而"三五"时期和"六五"时期的云南水利投资呈负增长。在水利投资中，农田水利所占比重是农村水利的重要衡量指标，云南省60多年以来的农田水利投资占水利总投资的平均比例为44.2%。从云南省各时期农田水利投资比例的比较来看，比例最高的是"七五"时期，其次是"六五"时期，第三是"调整"时期，所占比例分别为76.4%、69.7%和68.4%。而农田水利投资比例最低的是"一五"时期，仅22.6%。虽然各时期农田水利的投资比例时起时伏，但是，近十年一直稳定在40%左右，最低的年份分别是40.9%和43.9%，有力地推动了云南农田水利的发展（详见表3-1）。

表3-1　新中国成立以来云南省水利投资情况表

时期	水利投资合计（万元）	年均投资（万元）	年均投资增幅（%）	其中农田水利投资（万元）	农田水利所占比例（%）
恢复时期	72.1	24.0	——	45.2	62.7
"一五"时期	3305.1	661.0	2654.2	747.6	22.6
"二五"时期	17163.8	3432.8	419.3	5941.3	34.6
调整时期	13290.8	4430.3	29.1	9088.0	68.4
"三五"时期	18398.8	3679.8	-16.9	8490.0	46.1
"四五"时期	35889.2	7177.8	95.1	16349.2	45.6
"五五"时期	88841.9	17768.4	147.5	48819.5	55.0
"六五"时期	76030.8	15206.2	-14.4	52955.5	69.7
"七五"时期	151857.1	30371.4	99.7	116017.1	76.4
"八五"时期	549000.0	109800.0	261.5	缺	——
"九五"时期	1139000.0	227800.0	107.5	728000.0	63.9
"十五"时期	1374000.0	274800.0	20.6	562000.0	40.9
"十一五"时期	4098000.0	819600.0	198.3	1797000.0	43.9
合计	7564850.0	124013.9	——	3345453.0	44.2

由于部门变动和数据统计口径变化的原因，表中不含水电投资。资料来源：《云南省水利志》，第608页，以及云南省水利厅提供的数据资料。

在政府投资主体地位不断增强的背景下，"十一五"以来，云南水利投资规模不断扩大，2010年比2006年增加165.4亿元，年均增加41.3亿元，年均增长56.26%。云南农村水利投资迅速增加。"十一五"期间云南农村水利投资增长情况见表3-2。

表3-2 "十一五"云南农村水利投资情况

(单位：亿元)

年份	2006	2007	2008	2009	2010	合计
农村水利投资	3.32	8.34	5.02	21.7	40.60	79.02

资料来源：《云南省统计年鉴》。

通过表3-2可以看出，"十一五"期间，云南农村水利投资除2008年有所回落外，总体呈增长态势。由于云南农村水利投资较大一部分来自于中央，所以，云南农村水利投资模式的演变与全国的政策、外部环境直接相关，各级政府在对水利的投资总体上呈现增长趋势，但2005年与2004年相比，水利基建投资突然下降。从云南的实际看，这一年，云南农村税费改革试点开始推进，农业税费投资水利建设资金迅速下降，因此导致全省性水利投资下降。随后，云南省各级政府对水利的投资迅速增长。详见图3-1。

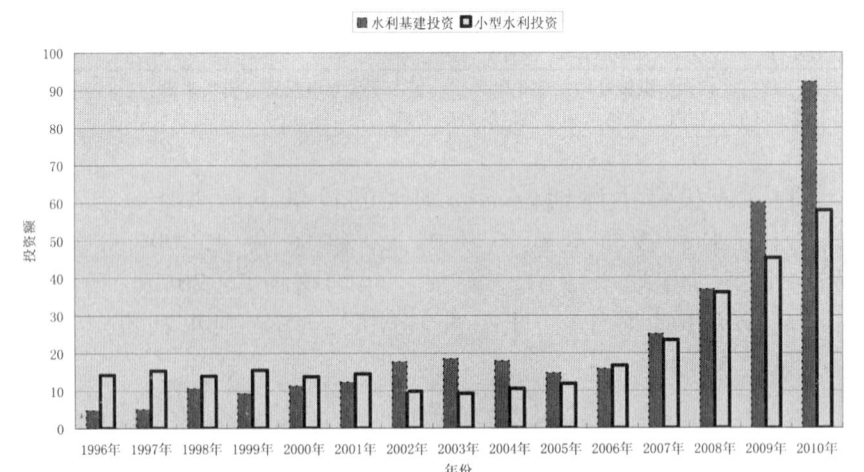

图3-1 "九五"到"十一五"云南各年水利投资结构：(单位，亿元)

从图 3-1 可以看出，从 1996 年到 2001 年以前，云南水利投资结构中，基建投资一直比小型水利投资低；而 2001 年以后，基建投资增长迅速，逐渐超过小型水利投资，到 2010 年，已高出小型水利建设投资 34 亿元。在水利投资的两大领域中，2005 年、2006 年，基建投资减少，2006 年后增长迅速；而小型水利投资从 2002 年到 2005 年都比 2001 年低，2006 年才超过 2001 年，2005 年后增长迅速，但增速远没有水利基础设施建设增长快，这说明国家重视大型水利基础设施建设。但在云南这样以小型水利基础设施为主的省份，无疑导致小型水利投资不足，小水利应有的功能无法完全发挥出来。

"十二五"开始，面对水利发展滞后的问题，云南全省各级政府积极整合资源，加大财政预算对水利的投入。一方面，足额提取征收财政专项水利资金。按土地出让总收入的 5%（据测算，土地出让总收入的 5% 高于土地出让收益的 10%）计提专项水利资金；同时，从政府性基金和行政事业性收费、中央对地方成品油价格和税费改革转移支付资金等方面拓宽水利建设基金来源，并纳入水利部门预算。2011 年，全省水利投资突破 200 亿元，达到 201.2 亿元，全年争取中央投资 76.4 亿元，比 2010 年增长 53%，落实省级水利建设资金 57.6 亿元，比 2010 年增长 44%，州（市）县级水利投资 48 亿元，比 2010 年增长 60%。2012 年水利投资继续增加，达到 264 亿元，2013 年突破 300 亿元，全省共完成水利建设投资 338 亿元。

目前，云南农村水利建设形成了政府主导的投资格局，但因水利工程大小的不同，形成了政府与农民各自为主的格局。从产权角度以及确保云南基本农产品有效供给出发，未来需要进一步扩大政府主导的投资范围。政府发挥投资主导作用与政府的收益有关。在研究中，贺雪峰、郭亮认为，中央政府在农田水利上的收益有三：一是建立一个高度保险的水利体系，这是由中国粮食安全需要所决定的；二是要杜绝水库垮坝等严重事态；三是有利于农民增收。① 实际上，水利事关农民的生产、生活，与农村的稳定息息相关，政府投资水利，能够促进农业生产发展，农民增收，实现农村稳定快速发展，是解决"三农问题"的重要措施，也是各级政府坚持以人为本，重视民生的具体体现。因此，政府应当成为农村水利的主要投资者，并在农村水利投资中发挥主导作用。

（二）积极调动农民的基本投资主体作用

农民是云南农村水利的基本投资主体，主要基于三方面的考量：一是农民是农村水利发展与干旱治理的直接受益者；二是农民是云南农村水利发展与干旱治理的最基本力量，没有农民的参与，农村水利建设与干旱治理将无从开展；三是农民是云南农村水利建设与干旱治理中最基本的资源投入主体。农民成为云南农村水利建设与抗旱投资的基本主体是由当前我国的基本经营制度和土地制度决定的，同时也得到了公共产品供给理论的支撑，其必然性体现在两个方面。

一是农村基本经营制度和土地制度决定了农民在农田水利与抗旱投资中的基本主体地位。从农村经营制度来看，1983年后云南确立了家庭承包经营体制，农村土地归集体所有，农民承包经营。2006年以前，农民承包经营体现在税费的分摊上；2006年后，承包经营关系已经不明显，但农民与土地的关系仍然是一种承包关系，基于承包关系，农民对土地没有所有权。从这个意义上讲，农民不应当成为农田水利建设与抗旱投资的基本主体，村集体和国家才是农田水利建设与抗旱投资的基本主体。但2006年税费改革后，村集体失去了从各种费用摊派获得水利建设资金的合法性，不再可能参与大规模的农田水利建设与干旱治理，无形中将农田水利建设与干旱治理的筹资任务转移到农民身上。同时，我国针对农村土地承包提出了长期不变的方针，农田基本成为一种"准私有"性质的生

---

① 贺雪峰、郭亮：《农田水利的利益主体及其成本收益分析——以湖北省沙田县农田水利调查为基础》，《管理世界》，2010年第7期。

产资料，正是基于农田的"准私有"性质，农民成为农田水利建设与抗旱投资的基本主体成为必然，因为农田水利建设与抗旱是为了自己更好地发展生产。①

二是农村水利基础设施的准公共性及收益"差序递减效应"决定了农民的基本投资地位。云南农村干旱治理集体受益、农户受益比较明显，这就使水利公共产品及抗旱服务对外产生了一定的消费竞争性及排他性，使较大一部分农村水利基础设施和抗旱服务以小水利为主，具有典型的准公共产品性质。这种准公共产品属性主要表现在受益的"差序递减效应"，即一项水利基础设施提供的服务以己为中心，向外呈现"差序性递减"的趋势。由于准公共产品属性及受益的"差序递减效应"，从理论上讲，由国家或政府单独投资与建设，甚或由与水利基础设施没有利益关系之人来投资不合道理。因此，需要集体、农户的参与。而由于集体在税费改革后失去了资源筹集的合法性，因此，集体一般只作为水利建设与干旱治理的组织者，而农民则成为基本的投资主体。

当然，农民在云南农村水利建设与干旱治理的基本投资主体地位和作用也是有范围的，主要是参与小型农田水利、户用水利等与农民具有直接利益关系的水利建设；参与与自己生产、生活紧密相关的抗旱活动。农民作为云南农村水利建设与干旱治理的基本投资主体，要求做到水利建设与干旱治理服务农民，让农民从中受益，农民受益主要体现在两个大的方面：一是保证基本生活所需，每日有足够的饮用水和其他生活用水；二是利用水资源发展农业生产，从中获得收益。

作为基本投资主体，农民的投入也并非完全以资金为主，还包括劳动力。在具体的参与中，主要有两种类型：一是组织

---

① 贺雪峰在讨论我国土地承包关系长期不变与农村公共产品供给时指出，土地承包关系长期不变将使村集体公共产品供给尤其是水利公共产品供给陷入困境，这时农民只能自己投资解决农田水利问题。他认为在土地承包关系长期不变的背景下，国家制度的变迁加重了单个家庭的公共产品成本。

化参与；二是个人参与。云南农民对水利建设与干旱治理的组织化参与有两种情况：一是通过村集体的组织动员，以集体的形式参与；二是通过成立用水合作组织，实现组织化的参与。农民个人参与的实现路径比较简单，主要是农民个人参与和家庭参与。

组织化参与和个人参与这两种参与所解决的问题是不同的。首先，组织化参与解决的是以村集体为单位的集体或部分成员的水利发展问题，以及涉及村集体大部分成员的干旱问题，满足的是多个家庭生产生活对水利发展及水资源的需求。一般情况下，以村集体为载体实现的组织化参与解决的是全村水利发展与干旱治理中的问题。而以用水合作组织为载体实现的参与解决的可能是全村水利发展中的问题，也可能只是部分村民水利发展中的问题。这取决于用水合作组织来自于本村的以户为单位的成员数与全村家庭数之间的比例，二者之间的比为1时，解决的是全村水利发展中的问题。小于1时，解决的只是部分村民水利发展中的问题。其次，个人参与比组织化参与简单，个人参与主要解决的是家庭水利发展中的问题，主要是户用型农田水利基础设施或户用型饮水基础设施。因此，在干旱治理中，组织化参与能够解决的干旱范围要比个人参与大得多。

从形式上看，云南农民对水利建设与干旱治理的参与分为直接参与和间接参与两种形式。直接参与包括参与水利发展的决策和水利基础设施的建设，以及运水、拉水等抗旱活动，主要是劳动力的投入。间接参与也包括参与水利发展的决策和水利基础设施的建设，但与直接参与的表现不同。而间接参与村庄水利基础设施建设与干旱治理主要通过投资来体现，如部分村民只集资或入股投入村庄水利基础设施建设，部分村民捐款建设爱心水窖，但不直接投入劳动力。直接参与和间接参与在云南农村干旱治理中的作用不同，当前，云南农村干旱治理的直接参与明显，间接参与不明显。但在直接参与中，差别也非常大。外出打工人数多的家庭，实际上只有老人在家，部分老人参与能力不足。

农民是云南农村干旱治理的基本主体，这在理论上已经无可争辩，那么如何将理论上的主体落实到实践中呢。在1958年到1983年这段时期，农民的主体作用主要通过运动式的动员方式来调动。1983年到2005年这段时间，农民的主体作用主要通过两种方式来调动：一是税费体制调动；二是组织动员调动。税费体制调动实际上是一种国家政策框架下的农民投资机制，即国家法律支持通过税费的收取来提取农村水利发展资金和抗旱资金。组织动员主要是乡村干部通过"两工"制度来动员农民投入劳动力。2006年以后，国家取消了农业税和各种摊派费用，从农民那里直接收取水利发展资金和抗旱资金已不具合法性。同时，随着农村人口流动的加快，"两工"制度已形同虚设。在这样的背景下，传统的以强制动员为主的农村水利建设与干旱治理方式已不再适应，而必须建立一种利益诱导下农民主动参与的水利建设与干旱治理机制。面对新的形式，云南主要通过建立政府激励性投资为主的方式来调动农民参与水利建设与干旱治理，具体体现在两个方面。

一是建立以机会平等为导向的水利基础设施建设投资激励机制。为体现公平，云南制定了对广大农村居民"一视同仁"的水利基础设施建设投资激励机制。即根据规划确定水利基础设施建设规格，动员广大农民根据规划和相应规格建设水利基础设施，并对农民建设的水利基础设施进行检查验收，对符合政府规定标准的给予激励性补助，或当农民开始按照政府制定的规划建设水利基础设施时，给予物资补助。这一机制的应用在不同水利基础设施主要是中小水利和户用水利中的作用机制不同。在中小水利基础设施建设中，投资方比较多，不仅涉及中央、省、州（市）、县几级政府，还涉及村集体、村民。而户用水利基础设施一般不涉及中央政府，主要涉及省、州（市）、县三级政府及村民，同时不涉及村集体。由于云南农村水利工程分布较广，且水利工程建设是一项长期的工程，所以，这一机制下建立的各种激励性政策是一种全省性、长期性的水利建设与干旱治理政策，其影响面较广，影响时间较长。

二是建立以水资源存蓄量为标准的抗旱激励机制。就目前来看，以水资源存蓄量为标准的抗旱激励机制主要是一种临时性的抗旱投资激励机制，主要在干旱较严重的时候使用。具体内容就是对小水池、小水窖蓄水进行激励性补助，包括对提灌、运水进行补助，这种补助一般以水利工程数量或水资源量为标准，如满蓄一口小水窖给予20元补助，100口补助2000元是按照水利工程数量进行的补助；对每运输10立方水给予10元补助、对提灌100方水给予50元补助等是以水资源量为标准进行的补助。由于云南干旱体现出典型的区域性，以水资源存蓄量为标准的抗旱激励机制主要是地区性政策，不是全省性政策。同时，由于干旱的季节性、短时性，这一政策体现出短时性、临时性的特点，不是长期性政策。如2011年楚雄州财政筹措资金1500万元，按照每引水1万立方米，补助500元，每提水1万立方米补助2000元，每灌满一个小水池（窖）补助20元的标准，增加蓄水。文山壮族苗族自治州砚山县对蓄满每口水窖补助10元，鼓励群众蓄水。县民政局给了稼依镇5万元抗旱救灾款，用于补助抗旱运水，每户补助30元，贫困户补助100元，五保户补助140元。石屏县牛街镇对五保户、残疾户等弱势群体，按每人100元补助标准直接补助抗旱运水费用。开远市市政府对蓄满一口生活水窖或生产水窖给予100元的奖励。通过补助农民蓄水抗旱，云南2011年末全省库塘蓄水总量达47.4亿立方米，为2012年抗旱储备了宝贵的抗旱水源。但各州（市）的激励性政策随着干旱的结束自动废止，同时这一政策也未上升为全省性政策。

通过两方面的激励性投资，云南初步确立了以利益诱导为基础，农民主动参与的水利建设与干旱投资机制，对调动农民的主体积极性具有重要的作用。当然，在干旱治理中，一些必要的组织动员机制仍然在发挥作用，尤其是部分少数民族村寨每年都组织村民进行清淤、疏通沟渠活动，对维护水利基础设施和提高干旱治理能力具有重要的作用。同时，以党组织和团组织为主的政治动员方式仍然在农民投资主体作用的发挥中起着重要作用。

（三）积极发挥社会力量的投资协作功能

社会力量主要是指农民、政府除外的其他组织或个人，包括城市居民、企业、事业单位、社会组织等。社会力量已经成为云南农村水利投资的重要主体，在水利建设与干旱治理中发挥着重要的作用。城市居民作为农村水利和干旱治理的投资主体之一，是因为城市供水主要来自于农村，城市供水打破了区域性水资源平衡，导致水源地及供水管道沿线的局部干旱。因此，云南农村少数地区局部干旱与城市供水有关，在这样的背景下，城市居民理所应当成为农村水利与干旱治理的投资主体之一。此外，从道义上讲，同为一个地区的居民，城市居民帮助农村居民抗旱也是中国传统美德的体现。

企业是以追求利益和回报为目的的社会法人主体，由于云南农村水利有一部分是准公共产品，具有消费竞争性和排他性，可以为经营者带来收益，所以企业成为云南农村水利建设和干旱治理的重要主体。企业在云南农村水利建设中，可以通过承包、租赁、股份合作、拍卖、接受委托管理等方式来发挥投资主体及受益主体的作用。这也反映了企业在云南农村水利建设中发挥投资主体作用的路径及机制。一是直接投资参与建设、管理、收益，即企业在经营性水利项目确定后，直接参与投资建设，水利项目完成后，派人参与经营管理，并从中获益。这种参与包括单独完成和合作完成。单独完成是企业独自投资、经营管理、收益；合作完成是企业与政府、村集体、用水合作组织、村民合作投资，共同管理，共同获益。二是间接参与投资、建设、管理、收益，即企业入股经营性水利项目。三是直接参与管理、收益，即通过承包、租赁、委托管理三种方式，参与经营性水利项目的管理，并从中获得收益。

云南农村存在大量的经营性小型供水工程，这些工程主要向乡（镇）村企业、果园、种植场、养殖场等提供生产用水。这些水利工程具有较强的经营性、收益性。20世纪90年代以来，云南农村小型水利工程建设形成了社会法人、自然人或股份制等形式为主的投资建设格局。国家也允许县（市、区）人民政府委托县级水行政主管部门持股参与经营管理，或卖给个人、企业经营。在这样的背景下，投资农村小型水利工程建设的企业成为重要的投资与受益主体。云南2009年出台的《云南省人民政府关于农村小型水利工程管理体制改革的意见》中指出，对于经营性小型水利工程，可采取承包、租赁、股份合作、拍卖、用水合作组织管理和委托管理等多种形式，灵活转换工程运行管理机制。企业可以通过承包、租赁、股份合作、拍卖、接受委托管理等方式，获得农村小型水利工程的经营管理权，并从中获得收益。基于此，企业在云南农村水利建设中的投资与受益合法性来自于两个方面：一是部分农村水利项目的准公共产品性质；二是国家法律法规的授权。

在干旱治理中，企业可参与水利工程建设，包括直接投资建设或捐资建设；同时合理分配自己掌握的水资源，提高有限水资源的利用效率，增加区域性抵御干旱的能力。同时，在干旱时期降低或维持用水价格不变，降低农民抗旱成本。

在云南农村干旱治理中，还有大量的社会力量，如事业单位、社会组织，他们在云南农村干旱治理中也具有重要的作用。事业单位尤其是以水利技术研究为主的单位，可以为云南农村干旱治理提供技术支持。而社会组织能够为云南农村干旱治理提供组织动员和适当的资金支持。

从目前来看，云南动员全社会参与水利投资主要体现在以下两个方面：一是探索政府投入为主，农民积极投入和参与的推进方式。针对村庄水利基础设施建设，云南坚持的理念是全社会参与，也就是坚持农村水利建设不仅只是农民的事。在农村水利建设中，政府的投入是一个方面；城市和工业的支持是一个方面；其他社会力量的参与也是重要组成部分。具体到一个村庄，不只是村民的事，政府也为其提供必要的资源；同时，城市和工业也可以为其提供部分资源，其他社会力量如研究机构也可以帮助其发展，有钱人也可通过个人捐资帮助建设村庄水利基础设施。当然，从村庄水利建设作为公共产品的性质出发，需要建立政府投入为主的格局。但由于云南各级政府投入的相对有限，更多的地方采取的是政府投入大部分资源，村民和村庄筹集部分资源的方式。在村民投入上，劳动力的投入是最普遍的方式。最终形成了政府投入为主，农民积极参与的公共产品供给的推进方式。

这种方式的出现，其目的是要通过政府为主的投入，改善村庄水利基础设施。但在投入过程中，又不能让村民形成这是政府的事，与我无关的思想。因此，大部分地方都采用政府投入部分资源，让村民和村庄自我筹集部分资源的方式。通过这样的方式，目的是通过政府投入为主的方式，提高村民对党和国家的认同感；在农村水利建设中，激发农民的主体意识，参与建设与自身用水利益直接相关的水利基础设施建设。

二是以村民投入为主，政府支持、村集体参与，改善户用水利基础设施。目前，云南农村以小水窖为主的户用水利基础设施普遍采用农民投入为主，政府给予激励性支持，村集体参与监督检查的方式。

在具体实践中，云南省从过去单纯依靠国家投入的做法改为多渠道、多层次筹集资金的做法，先后创建了烟区、蔗区等各类专项水利资金和小型水利补助经济合同制，在贫困地区广泛、持续地实行"以工代赈"。目前，烟草系统已形成以烟水配套项目为核心的水利建设反补机制，如2005年云南从烟草行业筹集6亿元资金专项用于烟区水源工程和农田水利基本建设，极大地缓解了云南省水利建设资金严重短缺的矛盾；2006年到2007年两年间，云南省烟草行业投入烟田水利建设资金达25亿多元。2005~2012年，省级烟草部门累计投入78.9亿元资金建设农田水利。

2009年大旱以来，云南又先后开展了党员爱心水窖、共青团希望水窖"1＋X"（"1＋X"即通过倡导全省青少年每人每年自愿捐1元钱，并发动更多身边人、爱心企业参与到其中的"X"力量）活动。爱心水窖2010年由党委组织部门发起，随后得到社会各界响应，筹集资源对农户修建20立方小水窖给予2000元补助。共青团希望水窖"1+X"公益活动2013年3月11日正式启动，活动引入BT、BOT等模式吸引社会资金参与，按照"社会捐赠一点（3000元/件）+当地政府补助一点+受益农户投工投劳一点"的捐助原则修建希望水窖，争取每年筹款援建10000件希望水窖，并确保每个水窖不低于25立方米。目前，云南已经形成了社会力量广泛参与的水利投资及干旱治理格局。如2011年到2012年5月，云南全省筹集投入抗旱救灾资金43.08亿元，其中中央安排9.55亿元、省级筹措8.72亿元、州（市）、县（市、区）安排7.15亿元、群众自筹9.26亿元、烟草专卖局安排7.3亿元、兄弟省份和社会各界捐赠1.1亿元。红河州动员全社会力量，不断加大抗旱投入，在2009年秋至2010年4月期间，州水利局及直属机关单位的全体干部职工前后两次在蒙自举行了抗旱救灾献爱心捐助活动，共募得捐款226000余元。

二、投资机制存在的问题

在云南农村水利建设与干旱治理中，云南初步建立了政府主导、农民主体、社会参与的投资格局，这一格局的建立对破解云南农村水利发展和干旱治理中的资金短缺问题具有重要的推动作用。但由于云南省情特殊、农村情况复杂，农村干旱治理投资机制仍然存在不足，主要体现在以下几个方面。

（一）抗旱投入不足

一是抗旱机构建设投入不足。云南抗旱工作主要由防汛抗旱办来承担，承担着防汛和抗旱的双重任务，担负起旱情监测汇报、水量的调度、河道治理、山洪治理等任务，但机构建设与投入严重不足。目前，防汛抗旱办一部分人员属于公务员，一部分属于事业编制。一些州（市）成立了抗旱服务站，但一无钱，二无编制。如昭通市成立了三个抗旱服务站，但无钱、无编制。昭通市水利局设有鲁甸、昭阳、绥江三个水利监测提灌点，但因为没有资金，只有架子。现在，村列为省地质灾害监测点，监测人员每年有200元的补贴；护林员每月还有几百元的补贴，但抗旱没有钱。在县一级，各县为了应对干旱，也组建了一些抗旱服务组织，但缺人员、设备，无编制。

二是气象预报投入不足。目前，州（市）气象台是全国统一建设的，3小时以内的预报比较准确，但冰雹要30分钟内才能预测到，县城一般也建有标准气象站，国家到县的气象信息基本实现共享，且投入以国家为主。但乡镇、村的气象观测站要地方投入，如昭通建立了100多个乡镇、村观测站，但仅有气象部门的投入，投入少。

三是农民抗旱激励投入不足。由于抗旱激励投入政策的区域性、临时性特点，云南农村抗旱激励机制的建立只有州（市）、县政府的投入，投入普遍不足，目前仅对蓄水、运水给予补助，激励补助范围窄，补助时间短，无法适应云南农村干旱形势的变化。如目前尚未对生物抗旱、抗旱设备购买等进行补助。广大农民都已掌握"旱地龙"等生物制剂的使用方法及功用，如果在干旱发生前，用喷务器喷一次"旱地龙"，可延缓一个星期，减少30%的损失。目前来看，各个州/市都清楚地掌握了这一经验，但由于地方财政自给率低，很难筹集到资金补助农民购买生物抗旱制剂。同时，农民在购买必要的抗旱设备如塑料管、塑料储水罐时也没有得到补助，而这些抗旱设备价格较高，由此导致农民抗旱成本高。如在石林县，有村民说，自己家的地离路300多米，干旱时用牛车、拖拉机将水运到路边，还需要20米一根的管子17根多，管子便宜的80元左右一根，贵的100多元。自己购买塑料管花费就接近2000元。还别说装水的塑料罐，500公斤的350元1个，1吨的1050元1个。自家买了两个500公斤的塑料罐就是700元。加上皮管，快3000元了。

（二）政府激励补助机制不完善

一是中央政府投资结构不合理，地方政府投资压力大。一方面，即使中央政府对于大（二）型以上水库投资70%，仍然需要地方政府投资30%。由于大型水库投资额度高，动则几个亿，甚至 10 多亿，如以 10 亿计算，地方政府配套 3 亿元，这对云南来说，无疑是个大数字。同时，一些大的治理工程，如滇池治理 70 亿元，甚至可能会无限扩大，虽然中央投资了较大一部分，但云南仍然需要建设"滇池补水"工程，投资负担较重。

另一方面，中央政府对小型农田水利基础设施的补助低，地方政府负担重。对于小型农田水利基础设施，中央政府补助比例为项目总投资的 30%，云南省财政对小型农田水利工程建设补助为 10%，农民自筹和州/市、县筹资 60%。面对 90% 以上为小型水利工程的云南来说，省级补助面广，投资负担重。同时，州/市、县投资负担更重。因为目前基层政府失去了从农民那里筹集资源的合法性，农民的投入主要体现在劳动力投入，而州/市、县政府却需要投入较大的财力。在云南这样贫困面大，有 80 个国家级和省级扶贫开发工作重点县，按照 2300 元的贫困标准计算，2013 年仍有 661 万贫困人口的省份来说，州/市、县政府一方面希望获得更多的小型农田水利基础设施建设项目，另一方面又担心本级政府投资配套压力大，项目无法顺利开工。

此外，中央政府投资与农村水利需求衔接不够。在云南，由于水资源分布及地形、地貌的影响，农民最需要的是"五小水利"，按照数量来说，2012 年 2 月，仅小水窖就达到 190 万口，是各种水库数量的 300 多倍，但中央政府投资没有照顾到"五小水利"，全靠云南省自筹经费投资建设。如截至 2011 年底，红河州累计完成"五小水利"工程 229913 件，其中：小水窖 197196 件，小水池 12155 件，小坝塘 2262 件，小渠道 17434 件，小灌排站 866 件。2011 年，州级筹集资金 15673.78 万元对 36721 件工程进行了补助。2011 年 3 月至 2011 年 11 月，各县市及群众自建未验收进行补助的"五小水利"工程为 19306 件，投资 48294.32 万元，需州级补助 27292.31 万元；2012 年州级拟计划建设 21500 件小水窖，需州级补助资金 3675 万元，州级补助压力较大。楚雄州 2012 年及以后的几年计划再建 5 万个水窖解决群众用水问题，水窖建设的工程预算大约需要 2.5 亿元，州里在财政十分困难的情况下只能安排出 1.25 亿元的经费预算，缺口仍很大。红河州从 2009 年至 2012 年，在建和新建水利基本建设项目总投资 402754.24 万元，按照水利基本建设的投资比例，州级应配套资金 79606.79 万元，但到 2012 年 4 月，州级仅下达配套资金 362.63 万元，还需配套资金 84481.53 万元。由此可以看出，在现有的水利投资结构下，中央政府的投资与云南农村民生需求偏离；而地方政府为满足农民需求，投资负担较重。

二是小型水利激励机制公平导向不足。云南在小型水库包括小（一）型和小（二）型水库建设补助中，各州市严格按照内地县 4：6、边疆县 8：2 的州县配套比例筹集资金。云南省共有 25 个边境县，这 25 个边境县按照边疆县配套，其他县（市/区）按照内地县配套。如果按照中央和省补助 40% 计算，州市对内地县小型水利的投资配套占 24%，内地县自筹配套 36%；州市对边疆县小型水利的投资配套占 48%，边疆县自筹配套 12%。从小型水利公共产品的属性出发，中央、省、州（市）对小型水利的投资所占比例多少都是合理的，因为小型水利以水利基础设施所在地为中心，其受益由内到外呈现差序性的格局。从公共产品的角度讲，小型水利投资要以县及水利设施周围的村、乡镇为主，中央和省为辅。但如果我们从社会公平的角度讲，国家应为全国农村、省应为全省农村、州市应为全州市农村提供均等的水利公共产品。现有的投资激励机制没有照顾到边疆县与内地县水利投资上的社会公平。

同时，中央政府对小型水利建设的激励配套标准均等，导致贫困县与非贫困县之间的机会不均等。为了提高县（市、区）对小型水利的投资积极性，我国小型水利建设采用中央、省、州（市）与县（市、区）、农民共同投入的机制。但目前中央、省、州（市）对小型水利建设的激励性投入执行统一标准，没有照顾到贫困县与非贫困县投入能力的差异。贫困县由于自身财政自给率低，农民投资能力不足，在均等的激励标准下，贫困县实际上难以与非贫困县获得均等的机会。也就是说，这种激励配套标准一致的指导思想，目标是促进水利的公平发展，但由于各地自身能力的不足，将导致区域之间水利发展的不公平。如文山州砚山县丰收水库位于砚山县平远镇平远坝子西端，是一座以灌溉、人畜饮水为主，兼以防洪令、水产养殖、供水为一体的中型重点水库，计划续修配套工程总投资1305万元，在已完成总投资1195万元中：省级投资757万元，州、县自筹438万元。砚山县地方财政自给率低，农民收入水平低，投资负担较重。

三是"五小水利"激励补助机制不完善。目前，云南对农村"五小水利"的激励政策不完善，最典型如在小水窖的补助上。一方面，目前云南对每新建一口20立方的小水窖，补助1500元物资，边疆县以及共产党员捐建的补助2000元物资。这种激励政策不够灵活，太死板，政府要求必须是20立方的，验收合格才补助；或者是40立方的，验收合格按照两口标准补助。这种办法没有照顾到建设条件，如没有土地建设20立方的，只有土地建设10立方，或有的家庭有土地建设30立方的小水窖，但验收只能按照20立方验收，这种情况就没有列入补助，因为验收不合格。同时，现有的小水窖补助标准差异较大，政府补助1500元，党员爱心水窖补助2000元，共青团爱心水窖补助3000元，少数烟草援建的爱心水窖补助标准达到4000元，由此导致不同渠道小水窖建设补助标准不等，农民投资负担差异较大，不仅影响了政策的绩效，还可能降低农民对政府的认同，因为政府补助标准最低。

另一方面，田间水窖的补助标准不合理。田间水窖是农民在田间修建的，用于蓄水保生产的水利基础设施。从受益来看，具有私人产品的属性，但如果我们从农村基本经营制度及土地制度出发，就会发现，田间水窖实际上是集体所有的财产，而不是私人产品。因为农村土地是集体所有的，附着在土地之上的水利基础设施也是集体所有的。也许有人会说，云南农村土地承包经营关系三十年不动、五十年不动，已经变成事实的私人产品。但从土地法来讲，无论是五十年还是一百年，农村耕地仍然是集体所有。从这个角度来讲，田间水利基础设施应当由集体来建设。但由于云南村集体收入较低，这种做法不现实。因此，从农村基本经营制度和土地制度出发，现有的农田水窖激励补助标准太低。

（三）农民投资激励机制不完善

一是没有照顾到不同地区建设成本及农民投资积极性的差异。从地形来看，云南坝区、半山区、山区、高寒山区水利基础设施建设成本越来越高，在现有政府激励性投资体制中，仅作了25个边境县与104个内地县（市、区）的区分，没有照顾到不同地形水利建设成本差异。一些山区，建设1个20立方米的小水窖，成本高达10000元，而坝区仅需4000元。昭通市彝良县一些山区，因为没有路，一包水泥30元，但给100元劳务费也没有人愿意背运或驮运。山区补助标准低，农民的投资积极性不高。在较高的建设成本下，山区农民投资积极性普遍低于坝区，从坝区、到半山区、再到山区、高寒山区，农民投资积极性逐渐降低。基于建设成本差异，现有的投资激励机制导致半山区、山区、高寒山区农民水利投资积极性逐渐降低，导致半山区、山区、高寒山区水利发展状况越来越差。

总体上讲，这种激励性的投入机制没有照顾到建设成本的差异，主要是因地质原因、交通条件、人工费等造成的建设成本差异。也就是说，边疆县因地质条件、交通条件、人工费等影响而形成的平均建设成本，可能没有内地县高。如同样是红河州，泸西县喀斯特地形导致建设成本比边疆县红河县高，但州级激励性投资却偏重红河县，这种激励性投资存在明显的不足。

二是没有照顾到贫困地区与其他地区农民投资积极性的差异。一方面，小型农田水利基础设施投入没有照顾到贫困地区与其他地区财政投入能力及积极性差异，导致贫困县政府和农民投资积极性低。目前中央、省、州（市）对小型水利建设的投入除25个边境县中的16个贫困县外，执行统一标准，没有照顾到其他57个国家级和7个省级贫困县与非贫困县投入能力的差异。贫困地区农民投资能力低，因此，投资积极性普遍低于其他地区。

另一方面，户用水利基础设施激励补助机制没有照顾到贫困家庭与非贫困家庭投资能力及积极性差异，由此导致贫困家庭对户用水利基础设施的投资积极性低于普通家庭。以2013年为例，云南年人均纯收入低于785元的还有100多万人，年人均纯收入低于2300元的667万人；同时，昆明、玉溪等地，2013农民年人均纯收入已达到8000元以上。在以机会均等为核心的现有投资模式下，贫困地区、贫困农户由于自身投资能力和积极性低，形成了事实上的不平等，由此进一步降低了贫困地区、贫困农户对水利基础设施的投资积极性，导致贫困地区水利发展滞后。

云南农村区域间发展不平衡，在新颁布实施的《中国农村扶贫纲要（2011~2020年）》（以下简称《纲要》）中，确定了14个片区作为未来十年扶贫攻坚的主战场，涉及云南省的有乌蒙山片区、石漠化片区、滇西边境山区和迪庆州藏区四大连片贫困地区。四大片区涵盖全省85个县市区，占全省129个县市区的65.9%。其中，国家扶贫开发工作重点县70个，省扶贫开发工作重点县6个，另有师宗县、罗平县、景谷县、耿马县、隆阳区、勐海县、芒市、盈江县、陇川县9个非重点县市区。2010年，四大片区总人口达2873.86万人，占全省人口总数的62.5%。四大片区人均GDP不足全省平均水平的60%，其中，人均GDP最低的滇西—哀牢山片区仅为全省平均水平的55.6%；而四大片区的农民人均纯收入只有3081.4元，比全省平均水平低了870.6元，其中农民人均纯收入水平最低的乌蒙山片区仅有全省平均水平的74.7%，绝对水平比全省平均少了近1000元。① 2010年贫困人口最多的镇雄县、会泽县、澜沧县、元阳县、广南县、宣威市、昭阳区、彝良县、红河县、永善县、金平县、巧家县等12个县市区的贫困人口就达到了103.1万人，占全省贫困人口总数的31.7%。2011年国家将扶贫标准提高到2300元后，云南农村贫困人口为1017万人，2013年底，仍然有661万贫困人口。在云南，四个集中连片地区与少数民族地区重合性较高，当前，云南全省78个民族自治地方县中有56个是扶贫开发工作重点县。2010年，少数民族人口比例超过30%的建制村的农民人均纯收入2267元，比全省平均水平低了1685元，整体处于贫困线以下。以2011年为例，农民人均纯收入在785元以下的深度贫困少数民族人口105.2万人，占全省深度贫困人口的68.6%；特有的景颇、佤、拉祜、傈僳等民族，深度贫困人口占本民族人口的50%以上。至今，在云南省几个少数民族深度贫困人口都超过10万，彝族有381753人，哈尼族151868人，苗族148114人。贫困地区和少数民族地区多是生态关键地区、生态脆弱地区，为了建设生态，很多地方放弃了发展。同时，由于这些地区水利建设投资效益低，包括政府资源在内，向容易产生效益的地区集中，导致这些地区水利发展非常缓慢。这些地区对水利的投入严重不足，如果水利投资激励补助不考虑这一现实问题，那么云南农村贫困地区农村水利投资积极性将进一步下降。

三是没有照顾到不同水利工程农民积极性的差异。首先，激励性补助没有照顾到农民对不同性质水利基础设施投资积极性的差异。在水利发展中，保障生产的水利基础设施与保障饮水的水利基础设施功能差异大，农民投资积极性存在较大差异。目前，云南农村保障生产用的农田水利基础设施包括农田

---

① 云南省社会科学院、云南省扶贫办："强化集中连片贫困地区扶贫开发，推动农村反贫困事业发展——云南集中连片特困地区扶贫攻坚研究"，2011年云南省政府研究室项目结项成果，内部印刷。

中的沟渠、小泵站、小坝塘等，以及已建设和正在建设的大型灌区、中型灌区水库及配套渠系建设也是保障生产用的水利基础设施，不同水利工程所起到的作用不同。

从功能上进行划分，云南农村水利工程可以分为三种类型，包括灌溉工程、人饮工程、蓄水工程。灌溉工程、人饮工程都与蓄水工程具有紧密的联系，无论是灌溉工程还是人饮工程，最终都离不开蓄水工程对水资源的蓄积。云南农民对不同性质水利工程的投资积极性差异较大，一般看来，对饮水型水利工程的投资积极性高，而对灌溉型水利工程的投资积极性低；对户用型蓄水工程的投资积极性高，对公共型蓄水工程的投资积极性低。

农民对中小型灌溉水利基础设施的投资积极性低主要受农业低收益的影响。近年来，云南农民外出打工收入逐年提高，而从事农业的收入增加不明显。在这样的背景下，农业比较收益进一步下降，农民投资小型灌溉设施的积极性逐年降低。遇到干旱，云南农业比较效益更低，农民首选进城打工，除了投资修建户用饮水基础设施供留守老人、小孩使用外，对农田水利的投资积极性低。在这样的背景下，农民对户用饮水基础设施的投资积极性普遍高于户用灌溉水利基础设施。在户用水利基础设施中，饮水与灌溉水利基础设施方面的投资激励标准相同，如田间水窖与饮用水窖的补助相同，由此导致农民对户用饮水基础设施的积极性高，而对户用灌溉型水利基础设施的投资积极性低。目前云南农村水利投资激励性补助标准没有照顾到农民对饮水和灌溉基础设施的投资积极性差异。

其次，水利激励补助机制没有照顾到农民对不同规模水利基础设施投资积极性的差异。水利基础设施及工程的大小对水利保障生产、生活的作用存在较大差异。从水库的容量来划分，水库可分为大、中、小三种类型。其中，大型水库又分为大（一）型和大（二）型两种类型。大（一）型水库库容大于10亿立方米；大（二）型水库库容大于1亿立方米而小于10亿立方米。中型水库库容大于或等于0.1亿立方米而小于1

亿立方米。小（一）型水库库容大于或等于100万立方米而小于1000万立方米；小（二）型水库库容大于或等于10万立方米而小于100万立方米。由于大中型水利工程建设对水资源、地形要求较高，在云南农村分布范围最广、最多的是小型水利。虽然大中型水库的蓄水能力强，在云南农村水利建设中发挥着非常重要的作用，但是，大中型灌溉水利基础设施建设周期长、投资大，农民的积极性非常低。以大型灌区昭鲁灌区所建设的渔洞水库及配套渠系建设为例，可以看出灌溉工程和蓄水工程之间的关系。

渔洞水库位于金沙江流域的二级支流居乐河上，下游称洒渔河，流经横江汇入金沙江，距昭通市昭阳区23千米，是一座以灌溉为主，综合利用的大（二）型水利工程。水库总库容3.64亿立方米，坝高87米。渔洞水库1992年11月开工，2000年12月25日正式通过竣工验收。其目标是保障昭鲁盆地（坝子）总耕地面积50.2万亩的生产用水，及昭鲁坝子城乡居民生活用水。2011年10月，渔洞水库与2010年同期相比少蓄水1.5亿立方米，仅达到1.6亿立方米左右。2011年1月到9月，已放水7000多万立方米用于农田灌溉。往常年份，一般灌溉放水4000多万立方米。每年水库有1亿多立方米水可用于灌溉，充分发挥作用能灌溉50万亩农田。目前，因渠系配套建设跟不上，虽然说已覆盖23万亩农田，实际灌溉面积只有18万亩左右。从渔洞水库及昭鲁灌区建设来看，渔洞水库是蓄水基础设施；而配套的渠系是灌溉基础设施。水库在水利建设中的功能是将水资源蓄积起来，通过合理的调配，保障所在区域生产用水；而与水库相配套的渠系建设发挥的功能是让水资源顺利到达农田，发挥连接水资源与农田的功能，渠系建设配套措施不仅是水库存蓄的水资源充分发挥作用的保障，也是节约水资源的重要水利基础设施，如果渠系配套设施建设不完善，水资源在水库到农田的过程中的损耗将非常大。所以，很多学者都在提水利基础设施建设的"最后一公里"问题，说的就是水资源存蓄的基础设施已经建设好，但渠系配套设施跟不上，水利基础设施没有充分发挥出应有的作用。调查发现，目前云南灌区建设一般的程序是：先建水库，再建水池、水渠、水窖。水库发挥作用，需要4到5年的时间。作为大（二）型水库，渔洞水库建设周期较长，投资规模较大。与其配套的渠系基础设施，建设周期也很长。无论是从理论上还是实践上，云南农民对这种类型的水利基础设施投资积极性都非常低。

相反，虽然小型水库的蓄水能力弱，但这种水利基础设施往往具有典型的区域性特点，即只供部分农民灌溉及饮用，且这种类型的水利基础设施往往建设周期短，一般为一年至两年，投资规模不大。农民对这种类型的水利基础设施的投资积极性要高于大中型水利基础设施。目前，小型水库，尤其是仅供一个村委会村民使用的小型水库，岁修可以动员村民投工投劳，甚至可能动员村民出资，但大中型水库基本不可能。

此外，从实践来看，云南农民投资积极性最高的水利工程，是户用型水利工程。因为这种类型的水利工程具有典型的私有化倾向，即便建设用地归集体，但由于农村土地制度及承包经营长期不变的现实，户用水利基础设施已经成为事实上的私有产品。更重要的是，这种水利基础设施投资规模小，周期非常短，多则一个月，少则几天，因此，农民的投资积极性非常高。加之云南在这种水利基础设施建设中给予适当补助，农民投资积极性更高。

进一步分析可以发现，农民对不同性质和不同规模水利基础设施的投资积极性存在较大的差异，这种差异与农民的收益及受益情况直接相关。从不同性质来看，因为农业收益低，对用于农业灌溉的水利基础设施的投资积极性自然低；如果农业收益提高，农民投资积极性会提高。从不同规模来看，与自己关系越紧密，越倾向于私有化的水利基础设施，农民受益越大，投资积极性越高，反之则低。

四是没有照顾到"空心村"与其他村庄积极性的差别。

在"空心村",老年人大多年老体弱,生活开支主要由在外打工的子女寄回来,已经放弃了农业生产,对灌溉型水利基础设施的投资积极性低,这问题在 2009 年后连续干旱中表现得特别明显。另外,为确保饮水安全,留守老年人、留守儿童在干旱中有基层党委政府、村委会负责送水,因此造成部分留守老年人的惰性,放弃投资户用水利基础设施,投资积极性低。两方面的原因,导致"空心村"农民水利投资积极性普遍低于其他类型的村庄。

更为严重的是,现有空心化背景下抗旱投资机制有失公平。在空心化背景下,外出打工家庭将抗旱的责任全部转移到村集体、政府和社会。而那些没有外出打工的家庭,他们承担着完全的抗旱责任,并负担着比外出打工者更多的抗旱成本包括机会成本。可以说,留守农民承担了全省农村抗旱的主要成本。在这样的背景下,农村抗旱投入应当侧重那些留守农民,他们分担了全省农村抗旱的主要成本。而那些外出打工家庭的留守成员,尤其是老年人、儿童,不应成为云南农村抗旱投入的重点,对他们的帮助,是从救济和道义的角度出发来考量的。相反,现有的干旱投资机制将留守老年人、留守儿童看作是投资重点,对那些坚守农业的中青年农民是一种不公平。

(四) 城乡水利建设投资不均衡

虽然近年来云南农村水利投资增长迅速,但与城市差距仍然较大。在此,我们以"十一五"期间为例,来分析云南城乡水利投资差距主要表现在哪些方面。虽然"十一五"期间是云南农村水利投资快速增长的时期,但与城市相比,农村投资仍然显得不足。"十一五"云南城乡水利投资情况见表 3-3。

表 3-3 "十一五"云南城乡水利投资情况表

年份/科目	水利总投资（万元）	城镇投资（万元）	城镇投资占总投资的比例（%）	农村投资（万元）	农村投资占总投资的比例（%）	农村与城镇比
2006	294722	261475	88.72	33247	11.28	1∶7.86
2007	372771	289421	77.6	83350	22.36	1∶3.47
2008	736995	686747	93.18	50248	6.82	1∶13.67
2009	1062098	844738	79.53	217360	20.47	1∶3.89
2010	1501987	1095977	72.97	406010	27.03	1∶2.70
合计	3968573	3178358	80.09	790215	19.91	1∶4.02

资料来源：根据《云南省统计年鉴》整理而成。

从表 3-3 可以看出，虽然"十一五"以来云南省农村水利水电投资迅速增长，但始终没有达到城镇水利投资水平。农村与城镇投资比最低为 1∶2.70，最大差距达到了 1∶13.67，整个"十一五"期间，农村水利投资与城镇投资的比例为 1∶4.02。如果我们按照人口来计算，以投资差距最小的 2010 年为例，全省年底总人口 4601.6 万人，其中居住在城镇的人口 1601.8 万人，居住在农村的人口 2999.8 万人。农村人均水利投资 135.35 元，城镇人均水利投资达到 684.22 元，农村人均投资水平与城市的比例为 1∶5.06，城市人均水利投资达到农村人均水利投资的 5.06 倍。如果以差距最大的 2008 年为例，2008 年底，云南全省总人口为 4543.0 万人，其中，城镇人口 1499.2 万人，农村人口 3043.8 万人。农村人均水利投资 16.51 元，城镇人均水利投资达到 458.08 元，农村人均投资水平与城市投资水平的比例为 1∶27.75，也就是说，城市人均水利投资达到农村人均水利投资的 27.75 倍。由此可以看出，云南农村水利投资与城市投资差距非常大。

当然，云南农村有自己特殊的一面，人口居住分散，但正因为农村人口分散，城市居住集中，农村水利公共产品供给在较低的投资水平下，远远赶不上城市。如按人均10元计算，在城市一平方公里的土地上，可能居住着上万人，甚至是几万人，而农村可能只居住着几百人，按照人均投入，在城市一平方公里的土地上的水利总投入将远远超过农村一平方公里土地上的投入，城市居民所拥有的水利服务及水利产品要丰富得多、优越得多。从理论上讲，按照城市与农村平均分配来建设水利，农村人口总数超过城镇人口，明显是一种新的不公平。同时，由于农民居住分散，农村投入将显现出低效益。也正因为如此，在市场机制下，水利投资向效益高的城市集中，由此造成了城乡水利投资的结构性失衡。

（五）城乡居民水利投资模式倒挂

目前，云南城市居民参与水利建设投资，主要体现在对水利建设成本的分担上。从实践看，城市居民分担水利建设成本主要体现在两个方面：一是新建住房水利设施配套费，主要是城市供水管网联结住户用水终端之间的基础设施配套费。在这样的成本分担机制下，每套城市住房只承担一次水利建设成本，购买非新建住宅不用分担水利建设成本，或与前房主共同分担建设成本。假设一套房子从新房到退出使用有5户人家用过，如果前房主卖房时没有将水利成本分担计算在房价内，那么后面4户人家不用承担水利建设成本。如果前房主卖房时将水利成本分担计算在房价内，5户人家共同分担水利配套成本，每户承担的水利建设成本比较低。二是用水交费，即在消费的过程中分担水利建设成本。如果不消费，就意味着不参与水利建设成本的分担。归纳起来讲，城市居民仅参与户用水利设施建设成本的分担，而不参与城市水利公共基础设施建设成本的分担。也就是说，城市居民不参与城市水利公共基础设施的投资，仅参与户用水利基础设施的投资，投资负担较轻，一般为几千元。

而农村水利投资不同，农村水利投资主要是用水前投资，农民如果要获得水利服务，必须参与投资。这一现象最典型如村庄修建水池、铺设水管等，农民都要出资，方能享受到水利服务。否则，个别村民的搭便车行为会受到其他村民的鄙视及排挤。也就是说，农村居民不仅需要投资户用水利基础设施建设，还需要投资村庄公共的水利基础设施建设。

在城乡截然不同的投资机制下面，城市居民基本没有参与水利投资，而农村居民却是水利建设投资的重要主体。这种机制加剧了农村的弱势地位。从云南水利投资结构看，城市远远大于农村；从城乡居民的投入能力看，云南农民投入能力远低于城镇居民。如2013年云南农民人均纯收入6141元，但城镇居民可支配收入23236元，与农民人均纯收入比为3.78∶1。在这样的背景下，农村水利投资与建设投入更加不足，干旱治理投入不足也是一种必然结果。

三、完善投资机制的几点思考

（一）加大抗旱投入

面对季节性、区域性干旱常态化的现实，云南现有的抗旱投入明显不足，应当大幅提高抗旱投入。一方面要从水利投资中提高抗旱资金切块。另一方面，要多方整合抗旱资金。现阶段，可以从以下几个方面着手，提高抗旱投入。

一是在省财政预算中，设立抗旱专项资金。根据近年来云南抗旱年均投入水平，以增加50%的比例为基础，设立抗旱专项资金。

二是加强对社会抗旱资金的整合。尽快制定云南社会抗旱资金整合方案，以省防汛抗旱办公室为主体，加大对企业、社会捐赠抗旱资金的整合。一方面，严格规定水电、烟草等企业每年投入抗旱的资金及资源比例，同时鼓励个人捐资、捐物参与抗旱；另一方面，严格规定社会抗旱资金必须进入全省抗旱专用账户，由省防汛抗旱办统一使用，消除当前"各自为政"的弊病。

三是提高抗旱机构建设投入。提高抗旱组织机构建设的投入，尽快将基层防汛抗旱办公室人员全部转制为公务员，或参照公务员管理。同时，对一些旱情严重州（市）自主设立的抗旱服务组织给予适当补助。

四是加大对农民抗旱的补助力度。首先，将抗旱补助中一些区域性、临时性政策上升为全省性、长期性政策。针对云南农村季节性、区域性干旱范围逐渐扩大的实际，将目前各州（市）在干旱严重时期制定的对农民抗旱行为进行补助的政策上升为全省性政策，并将其固定下来，使之成为全省性的长期政策。其次，建立以省级投入为主的抗旱补助投入机制。针对州（市）投入能力有限的现实，从全省抗旱专项治理资金中切出一块，用于支持全省范围内季节性、区域性抗旱行为。最后，扩大农民抗旱补助范围，将农民购买抗旱物资包括取水、运输设施，以及生物抗旱制剂等纳入补助。同时，提高对农民采用新的节水技术行为的补助力度，加大对农民安装滴灌、喷灌设施的补助力度。

（二）改善政府投资结构

目前，政府已经在云南农村水利投资与干旱治理中占据主导地位，但从农业在国民经济中的基础性地位以及公共产品供给的角度出发，必须进一步加强政府在农村水利投资中的主导地位。但这并不是说农民和其他主体的作用已经不重要，而是在现阶段政府投资能力有限的背景下，用好政府投资，激发其他主体共同参与投资无疑是当务之急。就投资结构来讲，至少有几个方面需要注意。

一是提高政府在贫困地区农村水利与干旱治理中的投资比重。从投资能力来讲，贫困地区、贫困人群水利建设与干旱治理的投资能力弱，如果政府投资不考虑这一现实问题，仍然采用与其他地区和人群均等的投资模式，那么，贫困地区水利发展滞后的现状无法改变，贫困人群抗旱自救能力弱的现实也无法改变。所以，适当降低贫困地区政府和农民小型农田水利建设筹资比例，提高中央和省级政府在贫困地区农村水利建设与干旱治理中的投资比重，将是促进区域间水利均衡发展的必然选择。同时也是为农村居民提供均等的水利公共服务的必然选择。配合新10年扶贫开发规划的实施，应积极争取中央支持，由中央、省全额投资贫困县小型水利建设，或降低贫困县投入比例；同时，适当降低非贫困县小型水利配套投资比例。

而就在贫困人群内部，我们也必须看到其分层和分化。在云南农村667（2013年底）万贫困人口中，有100多万是年收入低于785元、年均有粮低于300公斤的人群，还有467万农村低保对象、22.1万农村五保对象。也就是说，贫困人群内部投资能力也存在较大的差异。那么我们要形成什么样的政府投资结构才能确保不同贫困人群水利公共服务均等化呢？这就需要建立一种差序性的、向弱者倾斜的投资激励机制。按照贫困程度将农户划分为若干个层次，如"五保"、低保、刚解决温饱等多个层次，针对不同的层次建立不同的水利投资激励标准。在政策导向上，根据各层次人群所达到的投资水平，形成针对刚解决温饱、温饱不足、低保、"五保"强度依次递增的倾斜性水利投资激励机制，由政府为22.1万名农村五保供养对象，以及467万农村低保对象所在家庭全额出资建设饮水基础设施。

当然也许有人会说，这将造成五保和低保户与其他贫困户以及一般农户之间的不公平；同时，为五保户修建农村水利设施，潜在浪费太明显。也可能有人认为目前低保的确定和实施还存在一些问题，这将加剧农民对低保头衔的争夺。这一想法无可厚非，但从政治和道义上讲，我们不能让其他人群享受着丰富的水利公共产品或服务，而使五保户和低保户处于水利公共产品和服务的"贫困状态"。同时，我们也不能因为低保户的确定和实施中存在问题就不管低保户。

二是提高政府在水利建设与干旱治理成本分担中的比重。云南农村水利建设项目与干旱治理的成本差异较大，从地形看，平坝地区、半山区、山区三种类型建设成本逐渐提高；从地貌特征看，石山区、喀斯特地貌区明显高于以土壤为主的地区。目前中央和省级政府投资在不同建设成本地区的投资比重相同，这对成本高的地区是一种不公平。因此，从社会公平的角度讲，政府对水利建设与干旱治理的投资应当照顾到成本，即提高对成本高的地区的投资比重。否则，由于建设成本高，相同比重下，高成本地区的政府和农民分担的成本要高。

更为重要的是，云南贫困人口分布与高成本地区有高度重合的特征，即贫困人口主要分布在山区、石山区，以及交通等条件较差的地区，这些地区往往又是水利建设与干旱治理成本最高的地区，如果省级政府和中央政府的投资比重不提高，这些地区的地方政府和农民水利投资与干旱治理的成本将高于其他地区，这显然是一种不公平。因此，需要确立差异性的水利投资结构，国家应加大对贫困地区、少数民族地区的投资力度，要减少、免除少数民族地区、贫困地区水利投资配套。

（三）完善农民投资激励机制

农民是云南农村水利建设与干旱治理的基本主体，只有充分调动农民的主体积极性，农村水利建设与干旱治理才能取得成功。但家庭承包经营、农村税费改革后，运动式的水利建设与干旱治理动员机制已不具备合法性。随着农村人口流动加快，"两工"也难以动员。在这样的背景下，只有完善农民投资激励机制，才能充分调动农民的主体积极性。针对农民投资激励机制存在的问题，应做好以下几个方面的工作。

一是完善小水窖激励机制。首先，扩大新建小水窖的容量。在条件允许的地方，鼓励农户建设30立方以上的小水窖，提高户用水窖自我抗旱能力。其次，完善小水窖补助机制，改按口补助为按窖容补助，小水窖不分大小，都应当验收补助，以10立方为单位，如每10立方补助1000元物资，并进行四舍五入，就近靠档补助。最后，整合小水窖建设资金，建立全省统一的补助标准。消除目前党员爱心水窖、共青团爱心水窖、烟草援建水窖及其他社会帮助建设水窖各自为政，补助标准不统一带来的弊端。

二是建立差异性"五小水利"激励补助机制。从"五小水利"建设成本出发，将云南农村户用水利设施建设按照地形条件分为平坝地区、半山区、山区三种类型，采用不同的补助标准，提高对山区、半山区"五小水利"建设的补助标准。

三是提高政府在灌溉型水利基础设施建设中的投资比例。一方面，由中央和省全额承担大中型灌溉水利基础设施建设的投资。另一方面，提高中央和省在小型农田水利基础设施建设中的投资比例，使之高于饮水型水利基础设施的激励补助比例，减轻农民负担，提高农民投资积极性。

四是提高政府在公共水利基础设施建设中的投资比例。鉴于农民对公共水利基础设施投资积极性低于户用水利基础设施的现实，进一步提高政府在公共水利基础设施建设中的投资比例，使农民筹资或投劳低于10%，降低农民投资份额，提高农民投资积极性。

五是创新空心化背景下农村干旱治理投资机制。一方面，探索"空心村"激励补助购买服务机制。在"空心村"探索和建立政府购买水利服务制度，将目前补助水利建设或蓄水的资金用来聘请本村或邻近村庄青壮年劳力建设水利基础设施或蓄水，如给予帮助"空心村"老人、小孩蓄满1口小水窖的人员30元的务工补贴。另一方面，提高留守农民抗旱投入的激励补助，将"空心村"抗旱投入的重点放到留守农民身上，提高那些坚守农村、坚守农业农民的抗旱补助，补助留守农民修建水利基础设施，支持留守农民开展组织化水利建设与管理实践，补助留守农民农业损失，补助留守农民购买抗旱设备，补助留守农民蓄水抗旱，促进空心化背景下农村干旱投入的公平性与公正性。

（四）完善农民投资收益保障机制

调动农民的主体积极性，除了政府激励性补助为主的宏观调控外，应当积极引入市场机制，通过市场机制来调动广大农民的投资积极性。为此，应当进一步完善农民投资水利的收益保障机制。目前，应当做好两方面的工作。

一方面，需要完善农民承包经营管理投资保障机制。一是配合农业保险范围的扩大和推广，建立农民承包经营水利工程的社会保险制度，尤其是承包水利工程搞水产养殖的保险制度，提高广大农民承包经营的积极性。二是建立政府购买私人管理服务制度。针对农民在干旱时期参与水利工程管理收益难保证的现实，将目前用于抗旱的部分资金用于补助承包管理水利工程的农民，建立政府特殊时期购买农民水利管理服务制度。

另一方面，需要完善农民合作组织投资收益保障机制。一是完善用水协会投资收益保障机制。鼓励和允许农民用水协会参与本村水资源及水利基础设施管理，并从水费中提取一定的发展基金，用于组织活动和扩大水利服务，在扩大服务中提取更多的发展基金，进一步推动合作组织水利服务工作。二是建立农民专业合作社水利投资及收益保障机制。建立农民专业合作社参与水利基础设施建设投资的收益保障机制，将农民专业合作社投资兴建的水利基础设施产权划归合作社，并允许合作社通过水利基础设施及水利服务经营获得收益，并在合作社内按股分配，进一步提高合作社成员的投资积极性。

（五）完善城乡、工农共担的投资机制

面对城乡居民、工业与农业在水利投资能力上的差异，以及区域经济社会一体化发展格局的现实，要实现云南农村水利快速发展，抗旱能力迅速提高，必须形成城乡、工农共担的水利建设与抗旱投资机制。现阶段，应当努力做好以下几个方面的工作。

一是健全"以城带乡、以工哺农"的水利建设机制，确保土地出让总收入的5%用于农田水利建设，并从城市用水中提取部分收益，用于农村水利建设和生态建设补偿。

二是进一步完善烟草反哺农田水利，水电开发支持水利发展的机制。在大力推进标准烟田建设的同时，进一步加强"烟水配套"设施建设。同时，探索建立水电开发收益补偿地方水利建设机制，每年从水电企业收取固定比例的水利建设基金，投入水电企业所在县（市）水利建设。

三是在农村引入城市水利投资模式。借鉴城市消费付费反哺水利建设的机制，引导农民成立用水合作经济组织，如用水股份合作社，通过入股投资兴建农田水利设施，并通过消费付费反哺投资农民或组织,以此激发农民投资农田水利的积极性。

四是确立城乡统一的抗旱投资机制。在加强水利投入的背景下,探索政府建设农村抗旱水利基础设施,农民租用的制度。同时,建立"城市临时性水价与转移支付制度",即当干旱发生时,临时性提高城市居民生活用水、城市生产用水价格,并将提高部分通过政府"保城市供水后的农业损失补助"转移支付给因城市供水造成损失的农民。

第四章 基础设施与干旱治理

基础设施的短板效应,是云南农村干旱灾害影响放大的主要原因。一直以来,云南也将主要精力放在水利基础设施建设上,但随着农村经济社会变迁,农村水利基础设施建设标准、内容应当有所侧重,不能一成不变地遵循传统的水利基础设施建设策略。同时,水利基础设施建设内容应当呈现出一种范围越来越广的趋势。本章将从水利基础设施与云南农村经济社会发展相适应的角度,来探讨云南农村水利基础设施建设对干旱治理的影响。

一、基础设施建设实践
(一) 加快"五小水利"建设步伐

云南山区、半山区占94%,广大山区、半山区没有发展大中型水利的地质条件、水资源条件,因此,"五小水利"即小水窖、小水池、小塘坝、小引水沟、小抽水站等"五小"工程成为山区、半山区农村水利工程的主体。"五小水利"具有地质、水资源条件要求低,单件投资规模小、机动灵活、易建设、见效快的特点,在云南山区、半山区农村居住分散、耕地分布零散的背景下,发挥着弥补大中型水利服务供给不足的作用。

目前来看,"五小水利"尤其是小水池、小水窖、小坝塘的主要功能有二:一是调节家庭或小规模人群水资源供需矛盾。在水资源充沛时,将多余的雨水资源集蓄起来解决缺水少雨时农户生产、生活之困。"五小水利"在水利工程中可以看作是微型水利工程,基于其小微性,保障能力相对低,一般只能保证家庭生产、生活用水。二是充当水资源储存器。在干旱时,将其他地方的水资源运到干旱地区储蓄起来,供旱区居民使用,可以降低农户抗旱运水的成本,即减少运水次数。进一步讲,小水池、小水窖、小坝塘等五小水利一般分布在山区、无水源的地方;同时,也是供水网络、水利服务供给覆盖不到的地方。也就是说,以小水池、小水窖、小坝塘为代表的小水利,能够在水利服务网络空白区形成一个小型的、独立的水利服务网,为少数群众或家庭提供水利服务。一个小水窖,在边远山区,不但能解决牲畜饮水、农作物用水问题,还能解决人的饮水问题,在干旱治理中发挥着不可估量的作用。

如沾益县德泽乡后山村地处山区,2011年干旱时,全村750亩庄稼绝收,喝水要到13公里以外的山箐去拉,1230人、890头大牲畜饮水困难。2012年,村里建起了小泵站、小水池,全村462户1634人告别了看着牛栏江没有水喝的历史,1400多亩地的抗旱保苗也不愁。①再如2011年11月到2012年3月,保山市昌宁县遭遇了秋、冬、春三季连旱,在抗旱救灾中,全县已建成的3.6万余件"五小水利"和农村饮水安全工程充分发挥片区小规模、小面积、小范围的优势,保证灌溉面积8.9万亩,保证正常供水人口17.4万人。②

从调查看,云南"五小水利"的规格存在一定的差异。小水窖主要集中在20到30立方,最大的达到60立方,主要以家庭为单位建设,包括饮用水窖和浇灌水窖。而小水池集中在50到500立方,主要以村集体、合作组织、企业为单位建设。如丽江市古城区红水塘村以坡地为主,在发展特色林果过程中,干旱缺水,水资源较为匮乏,果园灌溉主要靠一年的雨水,成为发展苹果产业的一个瓶颈。每年因干旱缺水,苹果减产30%左右。为了帮助红水塘村脱贫致富,当地政府、农业部门、水利部门支持红水塘村大力发展小水窖、小水池,在原来两口500立方水池的基础上,修建了40~60立方的饮用水

---

① 张锐:《小水利织出山区大水网》,《云南日报》,2013年04月12日第2版。
② 《昌宁县"五小水利"和农村饮水安全工程在抗旱中发挥大作用》,中国防洪抗旱减灾网,http://www.rcdr.org.cn/ArticleList/84628.htm,2012年4月1日。

窖18口，10~20立方的蓄水蓄粪池70口，基本解决了果园的灌溉问题。玉龙县白沙镇玉湖村将200多亩土地出租给雪桃公司后，公司为解决灌溉问题，修建了一口500立方的蓄水池，基本解决了干旱时期的灌溉问题。

从中可以看出，以小水窖、小水池为代表的"五小水利"在抗旱中的作用不容忽视。如果不考虑牲畜饮水，一个四口之家，日均用水240升，那么一个满蓄的30立方小水窖供水保障时间为125天，扣除窖底无法使用的1立方水，小水窖抗旱保障能力仍可达到120天以上。在一些人口只有200、300人的村庄，一个500立方的小水池抗旱保障能力分别为40、27天。正是看到"五小水利"在干旱治理中的重大作用，云南长期以来一直重视"五小水利"的发展。

为了加快"五小水利"建设，云南省2010年出台建设200万件山区"五小水利"工程的决定，并纳入全省重点督查20个重大建设项目之一；2011年出台加快实施"兴水强滇"战略的决定，把"五小水利"工程建设纳入核心建设内容之一；2012年作出了举全省之力开展"爱心水窖"建设的决定。在建设"五小水利"过程中，云南整合政府、社会捐赠资金，对群众给予激励性补助。如对建设一口20立方的小水窖分别给予内地县和边疆县1500元、2000元现金或物资补助。仅"十一五"期间，云南全省共建设小水窖、小水池、小泵站、小渠道、小坝塘为主的"五小水利"工程160多万件，解决了1328万农村人口饮水困难和饮水不安全问题。2010年到2011年两年间，云南全省投入"五小水利"的资金就达93亿多元，建成85万个小水窖。2011年一年，全省建成2146公里干支渠防渗工程和45.62万件山区"五小水利"工程。"十二五"期间，云南计划完成山区"五小水利"工程建设230万件。2012年，完成50万件山区"五小水利"工程建设项目。2013年，全省建成32万件山区"五小水利"工程、14万件"爱心水窖"。2014年，建成以"爱心水窖"为重点的"五小水利"工程50万件。目前，全省已建成山区"五小水利"300多万件。

实际上,在全省提出"五小水利"建设工程之前,一些干旱严重的州/市早已提出和实践"五小水利"建设战略。当云南省提出大力发展"五小水利"后,各地进一步加大"五小水利"建设力度。如楚雄州早在2004年就开始在双柏县、南华县、武定县开展"山区小康水利"建设试点工作,并给予每口水窖2000元补助。昆明市"十一五"期间建设"五小水利"工程16.5万件。特别是2010年积极应对百年不遇的特大干旱,建成"五小水利"工程12.5万件,基本实现了山区、半山区每户有一个生活用小水窖和一个生产用大水窖,每村有一个大水池,每箐有一个库塘。"十二五"期间将继续兴建12万件"五小水利",工程结束后,可以确保全市所有自然村实现"一箐一塘、一村一池、一户两窖"的目标。红河州2010年至2011年完成了"五小水利"工程建设投资12.55亿元,建成"五小水利"工程87507件(其中小水窖53488件、小水池7823个、小沟渠25197件、小坝塘672个、小泵站327个)。文山州砚山县大力发展小水窖。截至2011年底,全县累计建成小水窖43630件,其中人饮水窖29310件,旱地水窖14320件。

(二)加快大中型水利基础设施建设步伐

云南全省只有12个大型灌区、90个重点中型灌区;129个县市区中有34个不具备中型水库建设条件,有8个县甚至没有小(一)型水库建设条件。这样的地理及自然资源条件,决定了云南农村干旱治理必须以小水利为基础。但是,由于小水利保障能力弱,因此,涉及范围广、涉及人群多、且具备发展大中型水利设施的地方,必须加强大中型水利基础设施建设,努力形成"抓小不放大"的建设格局。

大中型水利的功能较多:一是调节大范围的水资源供需矛盾,如昭鲁坝区修建的渔洞水库是一座以灌溉为主,综合利用的大(二)型水库,总库容达到3.64亿立方米,每年有1亿多方水可用于灌溉,目标是覆盖整个昭鲁坝区50.2万亩农田;

同时，为昭阳区、鲁甸县提供生活用水。二是改善区域性小气候环境。任何一项大中型水利工程都具有调节所在地小气候的作用，能够使当地空气中水分含量增加、空气湿润度提高。同时，农业生产的小气候环境得到改善。三是为发展高原特色渔业养殖提供条件。而大中型水利最大的功能是存蓄水资源，从2000年到2011年云南蓄水情况可以看出大中型水利工程在干旱治理中的功能。具体情况见表4-1。

表4-1 2000~2011年云南库塘蓄水情况[1]

（单位：亿立方米）

年份	库塘总蓄水量	大型水库	中型水库	小型水库、坝塘
2000	74.36	18.88	27.24	28.24
2001	74.7	18.49	27.23	28.98
2002	73.4	20.29	23.1	30.02
2003	71.84	25.18	21.54	25.12
2004	81.7	27.57	27.26	26.9
2005	80.51	26.72	28.67	25.12
2006	68.00	13.51	28.20	26.29
2007	68.35	9.844	30.94	27.57
2008	70.45	12.92	31.83	25.70
2009	54.81	10.10	24.71	20.00
2010	64.00	12.00	29.00	23.00

---

[1] 注：在表中统计的12年中，有几年统计对象发生了改变，2000年，云南统计库坝蓄水对象为：7座大型水库含4座大型水电站、142个中型水库、872个小（一）水库、4156个小（二）水库。2003年，全省中型水库比上年新增加了9座水库的蓄水量，其中昆明市、曲靖市和玉溪市各增加1座；楚雄州、红河州和保山市各增加2座。自2006年开始，在统计对象中，大型水电站水库与普通大型水库独立开来，中型水库达到172座，毛家村、鲁布革、漫湾、大朝山4座大型电站水库年末蓄水量18.03亿米^3，单独统计不再计入库塘蓄水；2007年，4个大型电站水库：16.93亿米^3；2008年，全省有5座大型水库、167座中型水库；2009年，全省有6座大型水库、184座中型水库；2010年，全省有8座大型水库、191座中型水库。

（续表）

年份	库塘总蓄水量	大型水库	中型水库	小型水库、坝塘
2011	47.39	7.64	22.55	17.21
平均	69.13	16.93	26.86	25.35

资料来源：主要根据《云南省水资源公报》整理。

如果不考虑九大高原湖泊，以2000年到2011年12年的平均值计算，云南全省水利工程年均蓄水69.13亿立方，其中大型水库蓄水16.93亿立方米，占24.49%；中型水库蓄水26.86亿立方米，占38.85%；小型水库和坝塘蓄水25.35亿立方米，占36.67%。大中型水库蓄水合计占63.34%，在云南库塘蓄水中占据着绝对的优势和主导作用。

正是由于大中型水利的强大综合保障能力，云南在抓"五小水利"建设的同时，始终不放大中型水利建设。"十二五"期间，云南将力争完成70%以上的大型灌区和50%以上的重点中型灌区骨干工程及100个小型灌区续建配套与节水改造。到2020年，力争完成12个大型、90个重点中型及一批小型灌区配套和节水改造。但大中型水利基础设施建设动则几亿，甚至达到几十亿的投资，给云南带来了较大的压力。且大中型水利对水资源条件、地质条件的要求较高。与小水利相仿，大中型水利建设标准越高、容量越大，保障能力越大，但政府投资压力越大；建设标准越低、容量越小，保障能力越小，但政府投资压力相对较低。在这样的背景下，云南一些贫困县有大中型水利设施建设的条件，但由于筹资压力较大，因此不愿发展大中型水利，相反，都热衷于中小型水利的发展。

（三）大力推进农田水利建设

云南农田水利基础设施建设滞后，"雷响田"遍布山区、半山区，靠天吃饭耕地比例大，农业水利化程度仅达到38%，比全国平均水平50%低12个百分点。同时，水资源与耕地等经济发展要素布局极不匹配，占全省土地面积6%的坝区，集中了 2/3 的人口和 1/3 的耕地，但水资源量只有全省的 5%。在这样的背景下，农田水利建设成为云南农村干旱治理的重要内容。

农田水利基础设施建设在农业发展中具有基础性地位，是满足农业生产用水，提高农业抵御自然灾害能力，促进农业生产和农村发展的基础性工程。农田水利基础设施建设主要以土地平整、沟渠建设、机耕道、小泵站等建设为主，其功能体现在四个方面：一是通过土地平整，提高灌溉效率，使原来无法灌溉的高地、坡地能够得到有效灌溉；同时，通过土地平整，使原来一些长期积水的洼地变成旱能浇、涝能排的良田。二是通过三面光沟渠建设，一方面提高灌溉效率，降低水资源损耗；另一方面，打通"最后一公里"，扩大水利服务网络覆盖面，提高农田有效灌溉面积。三是通过机耕道的修建，能够保证大旱时期从其他地方运水抗旱的顺利进行，提高抗旱自救能力。四是通过小泵站等的修建，能够起到合理调节有限水资源的功能，提高小范围农田灌溉率。

在农田水利建设中，云南统筹基本烟田、农业综合开发、扶贫开发、土地整治、以工代赈等水利项目，采取"以奖代补、民办公助"等形式，引导农民自愿投工投劳，大力推进中低产田地改造。如 2011 年组织实施 46 个重点县、25 个专项工程和 3 个重点县奖励工程建设项目，完成了 22.1 万亩中低产田地改造任务。

从调查来看，农田水利工程实施后，大大改善了一些地区的农业生产条件，达到了旱涝保收的预想。如昆明市晋宁县新街乡孙家坝村委会湾村，传统上，湾村主要以粮食种植为主，夏季种植水稻、玉米，冬季种植小麦和大豆。2006 年以前，由于田地高低不平、离滇池又近，一些低洼的地方到雨季根本没法种植，而一些较高的地方又浇不着水。2006 年，湾村抓住农业综合开发项目实施的机会，将全村所有农田改为旱地，并全部按照 0.8 亩/块的标准及大棚生产规格划分成 316 块，同时修建了 3 米宽的机耕路，1 米宽的三面光主沟渠，使农田真正达到旱能浇、涝能排，大大提高了农田的质量。

再如西双版纳州勐海县勐遮镇曼恩村委会曼杭混村民小组，2007年以前，村里地势低洼的田地不想要水，但水排不出去。地势高一点的旱地，需要水时又灌不进去。此外，甘蔗和水稻种植发生了矛盾。邻近两块田中，一户种上了甘蔗，另一户种水稻的例子比比皆是。这样，甘蔗不需要水，但水稻需要的水分多。水稻灌水就会影响到甘蔗的生长，进而影响到蔗农的利益。最后，由于灌溉沟渠长年失修，栽秧季节，仅灌水就要1个月。所以，每到栽秧季节，家家户户为了尽快栽上秧，村民白天晚上都去堵水，争水事件时有发生。2006年底到2007年4月，利用农业综合开发的机会，曼杭混村对全村2000多亩耕地进行了调整与整治，将600多亩烂坝塘及地势低洼的田块挖深，作为稻鱼共生田，全村共挖了133个3.3亩的鱼塘，作为稻鱼共生田分给农户，每户一个，在鱼塘边，留有近4米宽的坝埂，供村民种植蔬菜。接下来，将原来难灌溉的农田改造成甘蔗地，将原来用来种植甘蔗的200亩山地、坡地改造成良种茶园。最后，将原来排灌方便的耕地改造成优质稻生产田。项目按照"田成方、渠相通、路相连"的设计思路，在田间铺设了2100米机耕路和1820米排灌渠。农业综合开发的实施，大大提高了农业水利化程度。经过改造后，甘蔗田地势高，水分少；水稻和稻鱼共生田，容易灌水。另外，经过改造的沟渠，放水更快，全村栽秧时灌水从原来的1个月缩短到10多天，村民也不用再为堵水烦恼，争水事件也没有了。

但调查也发现，由于云南地形地貌复杂，一些山区村庄在农田水利工程实施后，水利化程度仍然难以提高。如昆明市石林县鹿阜街道办董村2012年实施了土地整治项目，在村子对面的缓坡地上进行了农田水利建设，修建了三面光沟渠。但由于土地集中在10度左右的缓坡上，水资源位置低，所以仍然难以灌溉。2014年初干旱时，由于没有水，这些地方只能通过牛车拉水浇灌。从中可以看出，在云南这样山区、半山区占94%，且石漠化分布广的省份，农田水利建设的难度较大、成本较高；同时，在大旱缺水的背景下，再好的农田水利设施也发挥不了作用，还必须有大中型水库存蓄的水资源才行。这也是为什么2009年到2013年初的干旱中，农田水利条件较好的曲靖市陆良县为代表的县（市）农业受旱影响较大的原因。所以，农田水利的功能仅限于合理分配有限的水资源，还必须和大中型水利基础设施建设结合起来，才能发挥其抗旱保生产的作用。

在长期重视农田水利基础设施建设的背景下，新中国成立60多年来云南省有效灌溉面积一直处于上升趋势。全省有效灌溉面积由1949年的243千公顷增长到2010年的1588.42千公顷，增长了5.54倍，有效灌溉率26.2%。从近三十年的情况来看，有效灌溉面积的增长出现过3个较大的起伏，分别是1982~1983年、1988~1989年、1994~1995年，这些时期也是农村社会经济发展比较快速的时期（详见图4-1）。但是，从数据显示来看，近30年云南省的灌溉面积增长幅度有很大的差别，有些时期，一年的增长量只有2千公顷，这与水利投资负增长的时期是一致的。此外，纵观历年的云南省有效灌溉面积，其增长空间越来越小，增长效率不断下降。从绝对数来看，前30年（即1949年至1980年）增长670.3千公顷，后30年增长675.1千公顷，相差不到5千公顷，而水利的投资力度却增长了几倍。从相对数来看，前30年增长了2.8倍，后30年只增长了73.9%。

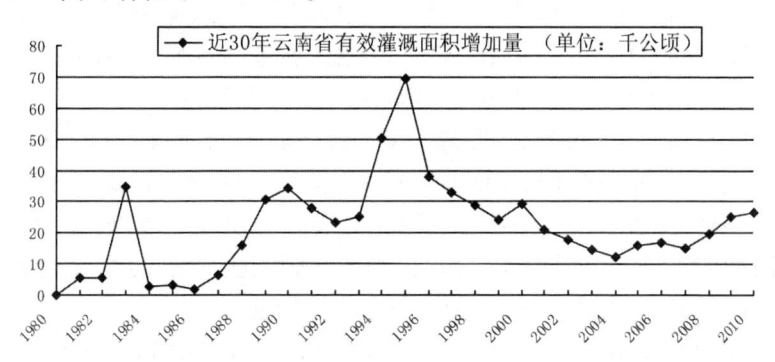

图4-1　云南省有效灌溉面积年增量变化趋势图

数据来源：图中数据由历年《云南省统计年鉴》相关数据整理而成。

如果将60年的情况按15年一个时期划分四个时期，云南的有效灌溉面积又有不同的特点，但总体的结论不变。在四个时期里，有效灌溉面积增长最快的是第一个15年，增长量为610.3千公顷，增幅达到251.2%；增长最慢的是第二个15年，仅有60千公顷的增长量，增幅不足10%，主要原因是其中10年的文化大革命时期云南水利事业受到重创。而后两个15年，虽然增长量都超过330千公顷，但是增幅却在不断变小，详见表4-2。

表4-2 解放以来不同时期有效灌溉面积的增长情况

（单位：千公顷、%）

时期	第一个 15年	第二个 15年	第三个 15年	第四个 15年
有效灌溉 面积增长量	610.3	60.0	336.7	338.4
增长幅度	251.2	7.0	36.9	27.1

资料来源：《云南水利年鉴》和云南历年统计年鉴，数据截至2010年。

（四）加大水利工程修复力度

云南部分水利工程修建于20世纪60、70年代，年久失修，无法正常发挥水资源存蓄、调配的功能。全省有4000多件小水库属于病险水库，不仅不能发挥防洪灌溉减灾效应，每到汛期还成为库区群众的安全隐患。根据2008~2010年云南省水利厅的调查，全省4442座小（二）型水库，至少有85%的水库存在病险状况，约有3800余座存在不同程度的工程隐患，主要表现在防洪标准不足；坝体施工质量差，结构稳定性差，坝体坝基渗漏严重；抗震标准低；溢洪道、涵洞等主要建筑物病险严重；金属结构和机电设备不能正常运转；管理及观测设施缺乏；大多数水库交通、通信不便。

同时，云南旱涝交替，对水利基础设施的破坏非常严重，干旱使土壤舒松，一旦发生洪涝灾害，水利基础设施很容易受到破坏。通过对2000年到2009年10年间云南洪涝灾害对水利基础设施的破坏情况可以看出，洪涝灾害对水利基础设施的破坏非常严重（具体情况见表4-3）。

表4-3 2000~2009年云南洪涝灾害对水利基础设施的破坏情况表

年份	水利水电设施损失（亿元）	具体破坏情况
2000	4.2	损坏中型水库2座、小型水库29座，垮小（二）型水库2座
2001	8.6	损坏中型水库1座、小型水库77座、水电站204处，冲毁坝塘525座
2002	6.47	损坏小型水库59座，冲毁坝塘1707座，损坏灌溉设施25263处、水文测站36个、水电站26座
2003	2.49	损坏小型水库20座，损坏灌溉设施2979处，冲毁坝塘207座，水文测站4个，水电站15座
2004	8.08	损坏堤防2259公里，水电站30座，灌溉设施20794处
2005	3.56	损坏小型水库15座，损坏堤防854处165.9千米，堤防决口366处215千米，损坏水闸92座，损坏灌溉设施14215处，损坏机电泵站46座，损坏水电站57座
2006	4.47	损坏小型水库15座，损坏堤防2603处324.74千米，损坏水闸63处
2007	6.09	损坏大中型水库3座，小型水库62座，堤防2314处1016.09千米，护岸798处，冲毁塘坝96座
2008	8.47	大中型水库3座、小型水库84座受损，堤防决口955处86.62千米，损坏堤防1688处1536.3千米、护岸975处、水闸20座、灌溉设施21458处、水文测站28个、机电泵站106座、水电站20座，冲毁坝塘220座
2009	2.71	损坏小型水库3座、堤防958处156.72千米、堤防决口331处27.8千米、护岸360处、水闸15座、灌溉设施8194处、水文测站1个、机电泵站35座、水电站11座，冲毁坝塘90座
合计	55.14	

资料来源：主要根据《云南水资源公报》《中国水旱灾害公报》整理而成。

通过表4-3可以看出，2000~2009年10年间，云南洪涝灾害对水利基础设施造成的经济损失年均达到5.514亿元。在这样的背景下，加快病险水库修复成为云南农村水利基础设施建设的重要内容之一。在国家的支持下，全省先后有648座小（一）型、3428座小（二）型病险水库列入国家病险水库除险加固专项规划。

目前，为全面消除所有小（一）型病险水库的安全隐患，全省共投入资金33.63亿元。648座病险水库"康复"后，将保护734万人、541万亩的耕地，同时恢复增加兴利库容6亿立方米。量大面广的小（二）型病险水库除险正在加快工程建设进度，已投入资金35.8亿元，有1672座主体工程完工，419座正加紧施工；已完工的工程已发挥防洪灌溉减灾效益，直接保护人口401.2万，耕地342.1万亩，年增加供水量2亿立方米，新增供水人口63.1万，恢复灌溉面积104.9万亩。

（五）加大饮水工程建设力度

饮水工程是指主要用来保障农村居民饮水安全的水利基础设施。饮水工程主要分为集中式供水和分散供水两种类型。一般来说，集中式供水以水源为中心，辐射水资源供给能力所及的区域。要实现集中供水，集中供水管网建设就成为基础性的工程，没有供水管网，水资源无法输送到每个家庭。分散供水以家庭为主要供水单元和主体，即农户自己供水；或采取联户供水的形式，几户人家共同享用水资源和供水设施。

不同类型的供水设施及供水方式建设条件不一，在抗旱中的作用也不同。一般来说，集中供水有三个要件：一是有供区域性或较多人口使用的水资源；二是人口分布集中；三是水资源可开发利用率高。只有三个条件同时具备，才能进行集中式供水设施建设。而集中式供水设施在抗旱中的作用体现在两个方面：一是能够保障小范围内农村居民的饮水安全；二是可以根据干旱时期水资源变化，合理调节供水量及分配情况，提高有限水资源的保障能力。如在干旱时期限时、定量、分片供水,能够发挥有限水资源在干旱时期的最大效用。在2009年以来的干旱中,云南旱情严重的州市以打深水井、寻找新水源抗旱,就是以水井为中心,集中供水的探索。

分散供水的要求较低,无法开展集中供水的地方,都采用分散式供水。云南农村爱心水窖建设的目的,就是为了解决无法进行集中供水人群的饮水安全问题。分散供水设施建设的造价低、地形要求低,但能够保障的范围小。

从中可以看出,集中式供水设施在抗旱中的作用明显,但不足之处也明显,当水资源短缺严重时,集中供水将无法开展。而分散供水设施更加灵活,可根据水资源量的多寡,实行单户或联户供水。云南农村既有小水窖,也有小水池,目的就是实现分散供水形式的最佳组合,提高水资源利用率和降低供水成本。在抗旱中,不同类型供水设施协调推进,能够提高云南农村居民饮水安全保障能力。

针对云南干旱问题严峻的现实,自1987年云南省水利水电厅与省民委联合下发《关于加速解决人畜饮水困难步伐的意见》后,云南不断加大饮水安全建设的力度。但由于地下水污染、水资源总量及分布变化大,到2005年,根据卫生部、水利部2004年印发的《农村饮用水安全卫生评价指标体系》测算,云南省农村饮水不安全人口仍然有1513.76万人,占农村总人口的42%。其中水质不达标人口934.6万人,水量、用水方便程度、水源保证率不达标人口570.2万人。面对这样的现实,"十一五"以来,云南进一步加大农村饮水安全建设力度。

"十一五"期间,全省累计投入资金45.79亿元,解决了全省农村1077.1万人饮水安全问题,超额完成原规划660万人的目标任务。建成集中式供水工程3.39万件、分散式供水工程10.04万件。截至2010年底,云南省自来水受益村委会达12074个,占全省村委会总数的93.4%。由于2009年以来的连续干旱,造成云南水资源总量偏少、地区分布极为不均,到2010年底,云南仍然有1400万农村群众饮水不安全。这主要是因为氟、砷等污染问题没有解决，水质性不安全人数居高不下。另外，由于连年干旱，水资源总体偏少，水源不稳定造成的饮水不安全人数突然增多。但总体上看，如果云南雨量达到常年水平，云南农村饮水不安全人数已大幅下降。

2011年以来，云南提出到2015年基本解决农村饮水不安全问题的发展目标。饮水安全基础设施建设加速推进，仅2011年一年，全省共建成集中式供水工程8424件、分散式供水工程14194件，解决了251万农村人口和48.29万农村学校人口饮水安全问题。同年，为确保旱情突出的昆明、曲靖、楚雄等9州（市）的供水安全，云南省政府投入3.9亿元资金补助各地建设了121件应急供水重点工程，就是大旱期间开展集中式供水工程建设的典型例子。至2012年3月30日，121件增蓄应急重点项目全部完工通水投入抗旱，据统计，121件增蓄应急重点项目共完成投资7.56亿元，日供水量达80多万立方米，有效保障了670万人、52万头大牲畜的饮水安全，并解决了30多万亩的农灌用水；各州（市）及县级自筹资金安排的应急供水工程已完成3874件，有效增蓄4835万立方米，保障了260多万人的饮水需要；全省190多万口小水窖储满灌满率达83%以上，保障了山区、半山区800多万群众的饮水安全。①

干旱意味着资源型缺水的到来，因此，水利基础设施在抗旱中发挥着基础性的作用，新建水利基础设施如打深水井能够找到新的水源，提高抗旱能力；水库、坝塘、水池等水利基础设施能够将本已短缺的水资源存蓄起来，实现水资源的合理调配，发挥有限水资源的最大效用。所以，云南农村水利基础设施建设的关键在于通过抗旱应急规划和长期规划，建设一批能够缓解临时性旱情的水利基础设施和满足群众长远生存、生

---

① 云南省防汛抗旱指挥部办公室：《省水利厅抗旱保供水工作情况》，云南省水利厅政府信息公开网站，http://lj.xxgk.yn.gov.cn/canton_model24/newsview.aspx?id=1860096。

活、生产需求的水利基础设施。云南农村水利基础设施五个方面的建设内容共同构成了云南农村水利工程网，这一基础工程网络在干旱治理中起着基础性的作用。"五小水利"解决了山区、半山区家庭抗旱问题；病险水库、灌区配套建设、大中型水利的修建，提高了全省农村区域性抗旱能力；饮水安全工程的推进，为干旱时期民生保障奠定了基础。

二、基础设施建设存在的问题
（一）一体化程度低

水利基础设施一体化可以从两个方面来理解：一是城乡一体化，强调城乡水利服务均等化和城乡水资源开发、分配、处理一体化。从目前来看，云南水利基础设施建设城乡一体化尚未起步，主要体现在城市供水来自农村，但城市供水基础设施自成一个封闭的体系，不向沿途农村开放，即城市水资源开发、分配系统虽然与农村相关，但不对农村开放，导致城乡水利服务处于两个分割的体系内。这是导致农村抗旱能力减弱的重要原因。2009年以来，昆明市缺水严重，因此，加大了从水源地取水的力度。这些水源原来并不属于昆明所有，如云龙水库位于禄劝县，是昆明掌鸠河引水供水工程的水源工程，每年向昆明主城区供水2.5亿立方米，每天向昆明城区供水60万立方米，占昆明主城供水总量的70%以上。引水工程实施以前，云龙水库是用来服务周围包括楚雄、昆明两个州市邻近村民的重要水源，但在引水工程实施后，尤其是大旱中被昆明城市居民生活用水全部征用。由于昆明城市供水管网的封闭性，导致当地村民无法使用云龙水库之水。禄劝县云龙水库周边的村民靠着水库却喝不到自来水，喝的水大多是山泉水，在近年的大旱中，附近的村民要不断地寻找新的水源，每天不得不花很长时间，到山里背水。

再如文山州砚山县，城镇集中供水，但供水网络尚未覆盖农村区域。2011年干旱时，城镇居民不需要到处拉水、运水，但部分农村居民只能到相距五六公里外的集镇所在地拉水。在这个过程中，不仅增加了运输成本，在干旱期间，城镇供水点还提高水价，农民的抗旱成本增加。因此，城乡封闭的水利基础设施导致城乡水资源开发、分配系统分割，在干旱期间使农民抗旱成本增加，这无形中降低了农民的抗旱能力和积极性。

  从服务一体化的角度讲，云南农村水利服务一体化程度较低。一方面，贫困地区与其他地区之间发展不平衡。占全省129个县（市、区）62%的73个国家扶贫工作重点县和7个省级扶贫工作重点县财政自给率低，配套投入不足，水利事业发展滞后。另一方面，不同地形农村区域之间发展不平衡。坝区、半山区、山区水利基础设施越来越差，山区水利在农业发展、饮水安全方面的保障能力不足。最后，农村与城市之间发展不平衡。城市已经基本建立覆盖所有居民的供水网络，实行集中供水；而农村供水网络建设滞后，一般以村庄为基础供水，条件恶劣的地方以户用水窖供水。

  二是水资源开发、利用、处理、再利用一体化。目前，云南城市水资源开发、利用、处理、再利用基础设施建设一体化尚处于起步阶段。以昆明市主城区2011年为例，第1至8污水处理厂2011年共处理污水39368.93万立方米，平均日处理污水约107.86万立方米。但1至8污水厂周边区域建成的再生水供水能力仅达到每天3.2万方，加上部分单位分散处理的约3000方，昆明主城再生水仅占污水处理总量的4%。目前，昆明每天对中水的利用不足2万方，水资源再生利用率仅达到2%左右。据估计，一体化程度最高的昆明市目前也未达到5%，究其原因，基础设施建设滞后是根本问题。全省城市平均水平低于5%。简单来说，水资源开发、利用、处理、再利用一体化程度最高的昆明市，日均生活用水80万立方米，再利用率还达不到8万立方米，全省利用率更低。这是导致城市向农村索取更多水资源，加剧农村水资源短缺和抗旱能力不足的主要原因之一。

  而农村水资源开发、利用、处理、再利用一体化基础设施建设几乎处于空白。走进村子就可以看到污水排放不规则、处理设施缺乏,这使干旱年份本就短缺的水资源回收利用率低,抗旱能力弱。

(二) 基础设施建设与经济社会发展不匹配

目前,云南农村水利基础设施建设与经济社会发展极不匹配,主要体现在三个方面:一是水利基础设施的数量不能够满足经济社会发展的要求。二是水利基础设施建设规格和标准不能够满足经济社会发展的要求;三是水利基础设施的区域分布不能够满足区域经济社会发展的要求。

从数量看,云南水利基础设施总体不足。根据2011年云南省第一次水利普查显示,云南全省共有水库6051座,总库容751.30亿立方米。其中:已建水库5930座,总库容337.88亿立方米;在建水库121座,总库容413.42亿立方米。全省共有水电站1939座,装机容量5703.38万千瓦。其中:在规模以上水电站中,已建水电站1416座,装机容量2426.06万千瓦;在建水电站176座,装机容量3268.84万千瓦。此外,全省共有泵站8702座。其中:在规模以上泵站中,已建泵站2916座,在建泵站10座。全省共有塘坝、窖池182.24万处,总容积5.39亿立方米;共有地下水取水井910920眼,地下水取水量共2.97亿立方米;共有河湖取水口70520个;共有地表水水源地839处。总体上看,水利设施保障能力仍然不足,难以满足全省群众生产、生活所需。具体到干旱严重的昭通市,2011年9月调查时,全市有小(二)型以上水利基础设施共有176件,中型7件,年蓄水5亿立方米。2011年,全市有效灌溉面积仅达到32%,比全省低6个百分点。昭通市彝良县角奎镇位于彝良县境内的中西部,全镇24个村(居)委会,500个村民小组,总人口110375人,其中农业人口91300人,城镇人口19075人。2011年9月,全镇有3600多小水利,包括1888个小水窖,1800多小水池。小(一)型以上水库1座,小(二)水库8座,仍然满足不了全镇农业发展对水利的需求,成为当年全县干旱最严重的乡镇之一。

截至2012年，云南全省共建成水库5587座，包括大型水库7座，中型水库188座，小（一）型水库950座，小（二）型水库4442座；全省建成集中式供水工程6.55万件，山区"五小水利"工程270多万件，其中，小水窖210万件，农村水利化程度达到38%。全省仍有34个县没有中型以上水库，8个县没有小（一）型以上水库，两个州（市）政府所在城市没有中型以上水库作为供水水源；近2/3的农田仍然"靠天吃饭"；全省水资源开发利用率极低，仅为7%左右，人均供水量只有348立方米，不到全国平均水平的1/3，全省农田灌溉用水有效利用系数为0.45，全国为0.50，水资源利用率低。

从规模看，云南全省大中水利较少，大范围的保障能力弱。从家庭来看，小水窖从10到60立方都有，但以20立方为主。在干旱时期，一口20立方的小水窖，仅能保证1亩田两次浇灌能力，最多能保证一户4口之家80天的生活用水，还不包括牲畜饮水，抗旱保障能力极弱，与不断增长的农村居民生活用水需求及干旱发生时间之长不匹配，急需提高建设标准和规格。

从区域分布看，云南各州（市）水利建设条件及水利基础设施状况也存在较大差异。以小（一）型以上水库分布及建设情况为例，截至2010年，云南省建成小（一）型以上水库共1145座，包括大型水库7座，总库容22.69亿立方米；中型水库188座，总库容5.35亿立方米；小（一）型水库950座，总库容23.6亿立方米。全省水库主要分布于滇中、滇东和滇南等州（市），滇西及滇西北水库较少，其中迪庆州仅有1座中型水库，而怒江州至今没有小（一）型以上水库。全省小（一）型以上水库数量及分布情况见表4-4。

表4-4 云南省小（一）型以上水库分布情况表

(单位：座)

州市	大型	中型	小（一）型	合计
昆明市	3	19	125	147
曲靖市	2	24	117	143
玉溪市	0	15	93	108
保山市	0	12	54	66
昭通市	1	7	41	49
丽江市	0	8	35	43
普洱市	0	13	59	72
临沧市	0	10	59	69
楚雄州	0	22	153	175
红河州	0	22	68	90
文山州	0	10	41	51
西双版纳州	0	5	33	38
大理州	0	16	53	69
德宏州	1	4	19	24
怒江州	0	0	0	0
迪庆州	0	1	0	1
全省合计	7	188	950	1145

（三）柔性水利设施建设不足

柔性水利设施与传统意义上的水利基础设施存在一定的差异，是与基础设施相配套的水资源积蓄设施。主要指用来积蓄雨水、地表径流用的集雨坪、沟渠、塑料管、塑料薄膜等设施。如田间水窖、户用水窖的集水设施建设，包括在小水窖周围铺设塑料薄膜，在农户屋檐下安装集雨水用的塑料管等。在贵州省农村抗旱技术探讨中，蒋太明等认为，集雨抗旱工程，主要是指在干旱、半干旱地区及其他缺水地区，将规划区内及周围的降雨进行收集、汇流、存储和调节利用的一种微型灌溉水利工程。一般由集雨系统、输水系统、蓄水系统、抗旱灌溉系统等部分组成。集雨系统主要是指收集雨水的集雨场地。输水系统是指输水沟（渠）和截流沟。蓄水系统包括储水体及其附属设施。灌溉系统包括取水设备、输水管道和田间的灌水器等节水灌溉设施（备），是实现雨水高效利用的最终措施。集雨方式分为人工集雨面集流和天然集雨面集流，人工集雨面主要为固定集雨式，常用的有硬化路面、屋面、场院等集雨面。[①] 柔性水利基础设施就是用于帮助各种水利设施集蓄雨水和地表径流的辅助设施。

在各级党委政府的重视下，云南农村水利基础设施得到了极大改善，但从调查看来，柔性水利基础设施建设滞后，导致部分水利基础设施功能发挥不充分，并由此降低了水利基础设施本应有的功能。如在滇东南喀斯特地形区，由于雨水留不住，农村主要以小水窖为主要抗旱蓄水设施，从充分发挥小水窖蓄水功能角度出发，应当配套推进柔性水利设施包括集雨坪等方面的建设，但从实际调查看，目前饮用水窖集雨设施主要以屋面集雨为主，即在屋檐下安装直径 100～200mm 的 PC 管（一般剖成两半来集雨），并将屋面雨水引入水窖，集雨设施相对单一，基本没有集雨坪建设。而田间水窖集雨设施建设更加滞后，主要以自然集雨为主，即通过沟渠引流将雨水引入水窖，尚没有集雨坪等柔性水利设施的配套建设。

正是因为柔性水利设施配套建设不足，山区"五小水利"基础设施在有效降雨到来时，不能将有限的水资源存蓄下来，导致各种水利基础设施功能发挥不充分。加之水利基础设施数量本就不足，水利基础设施的抗旱保障能力不足。要提高云南农村水利基础设施抗旱保障能力，在加大水利基础设施建设的同时，必须加快柔性水利基础设施建设的力度。

---

① 蒋太明主编：《山区旱地农业抗旱技术》，贵州出版集团、贵州科技出版社，2011年1月出版，第88页。

(四) 云水资源开发利用设施建设不足

云水资源开发，即人工增雨，是指在适当的天气条件下通过人工干预的方式向目标云播撒适量的催化剂，以影响空中云物理过程，促进云水向降水的转化和提高转化效率。据测算，云南省每年大气可降水量为35122.3亿立方米，但年降水量仅为1168mm，相当于4603.1亿立方米，实况降水量仅占可降水量的13.1%。根据2011年省气象部门统计，全省有人工增雨作业点1391个，高炮445门，火箭发射系统962套，各种雷达28部，管理及作业人员3658人；全省增雨影响面积仅4.7万平方公里，农作物受益面积2615万亩，森林受益面积1870万亩，增加降水13亿立方米，仍有30000多亿立方米云水资源没有开发利用，云水资源开发利用基础设施建设非常滞后，云水资源开发利用率非常低。

三、加快水利基础设施建设的思考

水利基础设施在云南农村干旱治理及抗旱能力提高中占据着基础性、无可替代的作用。从云南水资源大省的角度出发，正是因为水利基础设施建设滞后，无法改变丰富的水资源的时空分布，所以季节性、区域性干旱成为一种常态化现象。因此，要改善云南农村干旱治理状况，提高抗旱能力，必须进一步加强水利基础设施建设。而随着全省干旱形势及经济社会发展的变化，应当坚持以下几个方面的水利设施建设与发展思路。

（一）探索和推进水利基础设施建设一体化战略

1. 探索和推进城乡一体化水利基础设施建设战略。目前，云南已经进入以城带乡、以工促农，城乡加快融合的城乡一体化发展初期，水利作为一种关乎城乡居民生产生活的公共服务，必须从城乡一体化的角度来谋划。从导致农村干旱的原因——"城乡一体化水利基础设施建设滞后"出发，也必须加快城乡一体化水利基础设施建设。那么城乡一体化水利基础设施建设的内容包括哪些呢？至少包括两个方面的内容。

一是城乡水利基础设施面向城乡居民平等开放。也就是改变目前城乡水利基础设施尤其是城市水利基础设施的封闭运行状态,使其能够向农村开放,尤其是供水网络。即把城市水资源开发管线或沿线农村居民纳入水利服务体系,典型如昆明市从云龙水库调水,必须将管道沿线农村居民的日常生活用水纳入考虑,在水利基础设施建设之时,就为发生干旱时给予沿线农村居民抗旱供水作好准备。一旦发生干旱,应当根据沿线农村居民人口给予适当的水资源分配。

二是城乡水资源循环基础设施建设。造成目前云南农村干旱的一个重要原因是城市发展对农村水资源的索取不断加大,农村水资源"只出不进"现象普遍。因此,必须从城乡水资源循环基础设施建设的角度来作出调整,否则在城镇化发展加快、城市扩张用水需求增加的背景下,农村干旱将成为不可逆转的趋势,因为农村水资源被城市抽空。所以,在地质条件允许的地方,尝试性地启动"城乡一体化水利基础设施建设",探索区域性水资源循环体系建设,开展"水资源开发→水资源输送→水资源使用→污水处理→回流水源地"城乡水资源循环基础设施建设。

2. 推进水资源开发、利用、处理、再利用基础设施一体化战略。面对云南农村水资源再利用率低的现实,降低农村水资源污染,提高水资源循环利用率,进而改善云南农村干旱治理状况,必须推进水资源开发、利用、处理、再利用基础设施建设一体化战略。试想,如果农村生活用水循环利用率能够达到10%,那么一户4口之家4天循环利用的水资源就能够保证一个人一天的生活用水。如果循环利用率再提高,那么云南农村水资源循环利用的总量将进一步扩大,在干旱时期水资源短缺的背景下,这一做法将使有限的水资源得到充分利用,改善农村干旱治理的基础性条件——水资源占有状况。

(二) 推进水利基础设施与经济社会协调发展战略

水利是服务云南全省经济社会发展需要的一种公共服务,一般来说,随着经济社会的发展,对水利服务的要求更高。从云南近年来城乡居民用水变化可看出经济社会发展对水利服务提出的要求更高。2008年、2009年、2010年、2011年、2012年,云南城镇居民生活用水量分别为118升/日、125升/日、118升/日、118升/日、120升/日;农村人均生活用水量70升/日、70升/日、68升/日、71升/日、72升/日。因为2009年到2012年云南连年干旱,城乡居民用水要低,但总体上看,在干旱的年份都有升高的趋势,从一个侧面说明经济社会发展对水利服务的要求呈提高趋势。这就要求水利基础设施建设也要符合经济社会的发展。

那么水利基础设施如何与经济社会发展相协调呢?可以从两个方面来思考:一是水利基础设施的建设标准和规格。我们知道,农民生活用水量总体呈上升趋势,且云南区域性干旱日数有延长的趋势,要保证局部地区尤其是喀斯特地形区农民生活用水,就必须提高小水窖的建设标准,不能再统一为20立方,否则在干旱日数延长的背景下,小水窖的抗旱保障能力弱。同时,近年来云南强调农业规模化、集约化经营,原来修建田间水窖保障范围小,而现在规模化经营下,水利设施的保障范围扩大,要求建设更大的小水窖或小水池,这就要求改变以20~60立方小水窖,或200~300立方小水池为主的田间水利设施建设现状,通过财政激励,支持农户建设更大容量的小水窖或小水池。相应的,对水利基础设施建设的激励政策也应当调整,不能再执行统一的补助标准和规格,而应当探索按照容量来补助的激励机制。

二是现代农业经营方式。近年来,云南大力推广喷灌、滴灌等节水措施,喷灌、滴灌农业面积不断扩大。随着新的农业灌溉方式的推广,对水利基础设施建设的要求也在发生变化。传统沟灌方式的退却,致使一些水利设施已经不再发挥作用,如修建了小水池的地块、有水井和泵站的地块,三面光沟渠已经不需要再建设。也就是说,随着农业经营方式的变化,传统水利基础设施建设模式可能会导致资源浪费。在这样的背景下,要实现水利基础设施与经济社会协调发展,一些新的水利基础设施建设将成为主导,而一些传统的水利基础设施建设将被弱化。

总之,水利基础设施包括传统意义上的水利基础设施以及柔性水利基础设施,在云南农村干旱治理中具有基础性的作用;它是改变云南水资源季节分布、区域分布不平衡的硬件条件。通过加大水利基础设施建设力度,增加数量、提高规格,可以提高云南全省蓄水量,增强全省尤其是农村应对干旱的能力。换个角度思考,干旱治理只是改善云南农村居民生产生活条件,保证农业生产稳产丰收、农民生活用水需求的一种公共服务。那么作为基础条件的水利基础设施建设就应当根据农业生产发展、农民生活需求来作出适时的调整。从长远看,云南现代农业的发展和农民生活的改善会对水利基础设施建设提出更高的标准和规格;同时,也会因为服务需求内容的变化而提出新的水利基础设施建设内容。要改善云南农村干旱治理的硬件条件,必须重视这些细微的变化。随着经济经济社会的发展,农村居民、农业生产将对水利基础设施建设提出新的要求;这种要求可能是更高标准的要求,也可能是区别于传统农业基础设施建设模式的新的水利基础设施建设要求。在这样的背景下,要提高农村抗旱能力,必须改变传统的水利基础设施建设战略,按照更高标准、更高规格,以及新的水利设施建设需求来发展农村水利。

(三)进一步加快水利基础设施建设

一是加快蓄水基础设施建设。从近年云南全省蓄水情况可以看出,云南蓄水情况与降水情况相关性最高。2013年降水稍好,蓄水情况就得到极大改善。云南全省蓄水创下历史新高,截至2013年12月31日,全省库塘蓄水达77.11亿立方米,完成全年蓄水计划(75亿立方米)的101%。比2012年多蓄7.5亿立方米,比2011年多蓄29.7亿立方米。但从降雨量来看,云南干旱最严重的2009年,降雨量仍然达到963.3mm,2010年达到1185.1mm,2011年达到985.2mm,2012年达到1090mm,虽然比常年偏少,但与一般干旱区比,降雨量已经不算少。但 2014 年 4 月至 6 月初，全省性干旱仍然很严重，关键问题在于蓄水不足。而蓄水不足的根本原因是蓄水基础设施数量不足，难以满足全省经济社会发展的需求。因此，要从根本上改善云南农村干旱治理资源基础，必须进一步加快蓄水基础设施建设。

二是实施柔性水利工程配套推进战略。云南蓄水不足的一个重要原因是柔性水利设施建设不足，各种水利基础设施蓄水主要靠自然蓄水，没有刻意疏通，并建设集雨设施。因此，从改善全省水资源存蓄状况，提高全省抗旱能力的角度出发，不仅应当强调户用柔性水利设施的建设，还应当强调小水利、大中型水利设施的配套柔性水利工程建设，将更多的雨水、地表径流引入蓄水设施。这样，即使干旱的年份，云南蓄水状况也不会太差，能够大大改善全省抵御干旱的水资源条件，提高抗旱能力。

（四）加大云水资源开发利用基础设施建设力度

一是尽快制定出台推进云水资源开发的专项文件，制定云水资源开发中长期规划，并建立云水资源开发的投入保障机制，加快云水资源开发利用基础设施建设。

二是尽快健全云水资源开发的基础支撑，建立健全指挥系统，构建飞机、高炮、火箭地空作业相配合，协调、科学、高效的省、州（市）、县（市区）三级作业指挥系统。完善作业观测系统、通信传输系统，推进人工影响天气基地建设，尽快在重点水源地、江河径流区、水库蓄水区建设简易人工增雨点、布设流动作业车，抓住一切有利条件，开展常态化增雨作业，争取形成更多的降水和蓄水。

第五章　服务体系建设与干旱治理

2009年至2013年初，云南遭遇了5年的连续干旱，干旱对云南农村造成了巨大的影响，面对干旱，云南省在水利服务和干旱服务体系建设方面进行了有益的探索。为贯彻落实2011年中央一号文件精神，同时，切实推动云南水利改革发展，中共云南省委做出了《中共云南省委云南省人民政府关于加快实施"兴水强滇"战略的决定》，对云南农村水利建设做出了一些新的部署；同时，云南省人民政府在总结云南农村干旱治理经验的基础上，对干旱治理策略进行了适时调整。本章将从软件支撑的角度出发，探讨水利管理服务和抗旱服务对农村干旱治理的影响。

一、水利管理服务机制探索
（一）推进水资源管理改革

结合中央的要求，云南从四个方面来推进水资源管理改革。一是实行用水总量控制红线制度。确立水资源开发利用控制红线，建立省、州（市）、县（市、区）三级行政区域取水许可总量控制指标体系，实行行政区取用水总量控制。严格执行建设项目水资源论证制度和取水许可审批管理，对擅自建设取水工程的，一律责令停止；对取用水总量已达到或超过控制指标的地区，暂停审批建设项目新增取水；对取用水总量接近控制指标的地区，限制审批新增取水。严格地下水管理和保护，核定并公布地下水超采区，明确禁采和限采范围，基本建立地下水监测网络系统。强化水资源统一调度，协调好生活、生产和生态环境用水，完善水资源调度方案、应急调度预案和调度计划。建立和完善水权制度，充分运用市场机制优化配置水资源。

二是实行用水效率控制红线制度。确立用水效率控制红线，把节水工作贯穿于国民经济发展和群众生产生活全过程，全面推进节水型社会建设。制定区域、行业和用水产品的用水效率指标体系，加强用水定额和计划管理。对取用水达到一定规模的用水户实行重点监控。严格限制水资源不足地区建设高耗水型工业项目。落实建设项目的节水设施与主体工程同时设计、同时施工、同时投产制度。加快实施节水技术改造，全面加强企业节水管理，建设节水示范工程，大力推广农业高效节水技术。严格执行节水强制性标准，淘汰不符合节水标准的用水工艺、设备和产品。高用水行业产品计划用水量按照《云南省用水定额地方标准》下限核准。

三是实行水功能区限制纳污红线制度。确立水功能区限制纳污红线，严格控制入河湖排污总量。对入河排污口严格监督管理，对排污量已超出水功能区限制排污总量的地区限制或禁止审批新增取水和入河排污口。建立水功能区水质达标评价体系，完善监测预警监督管理制度。加强水源地保护，依法划定并严格管理饮用水水源保护区，强化饮用水水源应急管理，保障饮用水水源安全。确保重要湖泊取水总量不得超过其多年平均可利用量，湖泊水位不得低于其生态水位。

四是建立水资源管理责任和考核制度。在县级以上地方人民政府，实施主要负责人对本行政区水资源管理、节约和保护工作负总责制度。严格实施水资源管理考核制度。水行政主管部门会同有关部门，对各地区水资源开发利用、节约保护主要指标的落实情况进行考核，考核结果交由干部主管部门，作为地方人民政府相关领导干部综合考核评价的重要依据。加强水量水质监测能力建设，为强化监督考核提供技术支撑。

（二）推进水务一体化管理改革

2000年开始，我国开始了水务管理一体化改革。水务管理一体化改革的目标是改革原有的水资源管理体制，建立适应经济、社会协调发展的水利管理体制。原有水资源管理体制是：水利部门管理水源开发建设和农村水利，建设部门管理城市供水、节水排水、污水处理，环保、卫生部门负责监管水质，水利、国土、交通等部门共同管理河道及采砂，国土部门管理地下水。这种体制导致城乡分割、政出多门、职能交叉等问题，集中表现为"六难"：一是水资源规划难以统一；二是水资源配置难以优化；三是节约用水工作难以开展；四是涉水行政管理职能难以发挥；五是水务产业链难以形成；六是投融资平台难以搭建。[①]

2000年，云南贯彻党的十五届五中全会关于"改革水的管理体制"精神，启动了水务管理体制改革。云南水务改革的目的是实现水资源可持续利用和经济社会可持续发展；改革的核心是改革涉水事务的管理体制；改革的关键是建立多元化、多渠道、多层次的水务投融资机制；改革的基础是推进水务行业产权制度改革。云南省水务管理改革经历了三个阶段。

第一阶段，加快水务改革的步伐，全面巩固发展和积极推进水务改革工作，完成部署的水务改革任务。第二阶段，通过涉水行政事务的管理体制改革，整合涉水行政职能，强化行业管理的水务政策法规体系，提高水行政的社会管理能力和公共服务水平，实现水资源的优化配置、高效利用和科学保护。第三阶段，逐步建立政企分开、政事分开、责权明晰、运转协调的水务管理体制；建立政府引导、社会筹资、市场运作、企业开发、产权明晰的水务运行机制。为了逐步实现以上目标，全省水务改革工作的总体部署为"三步两个层次"。

"三步"就是分三步走。第一步重点是在已经成立水务局或由水利局承担水务统一管理职能的州（市）、县（市、区）充实完善和提高水务改革内容，水务管理工作的重点从推进水务管理体制改革向深化水务管理体制改革转变；从建立水务管理体制向构建水务运行机制和水务法规体系转变，同时加大水

---

① 高镔：《关于深化水务体制改革推进水务一体化管理的调研报告》，《水利发展研究》，2010年第8期。

价形成机制、水务投融资体制和市场化改革的力度,致力于建立政府引导、社会筹资、市场运作、产业发展的水务运行的良性机制。第二步是选择条件好、积极性较高的州(市)、县(市、区)开展水务改革工作。第三步是在全省其他地方全面推开水务改革工作。

"两个层次"就是开展水务改革工作的两个层面。第一个层面是统筹城乡供水、城乡防洪、河道整治、城乡水土流失治理等水行政事务的统一管理,这是水务改革的基本要求;第二个层面是在第一个层面的基础上,全面实现对辖区范围内防洪、水源、供水、用水、节水、排水、污水处理与回用以及农田水利、水土保持等水行政事务的统一管理,全面实现水务改革。2006年5月9日,普洱市水务局正式挂牌成立,既标志着普洱市水务一体化改革迈出重大步伐,也标志着云南省水务改革进入一个新的发展时期。2008年7月,普洱市、曲靖市、文山州、保山市和62个县(市、区)组建了水务局或由水利局承担水务统一管理职能,占全省县级以上行政区总数的45.2%。实现水务统一管理的地区,在统一调配地表与地下、城市与农村、区内与区外水资源,统一编制涉水规划。水务一体化改革在管理体制上整合了涉水行政职能,对辖区范围内防洪、水源、供水、用水、节水、排水、污水处理与回用以及农田水利、水土保持等涉水行政事务进行统一管理。

水务改革的理想目标是对城乡水资源全面规划、统筹兼顾、优化配置,对防洪、供水、排水、污水处理、再生水回用、地下水回灌实行统一调度,努力做到农村供水与城市供水相统筹。[①] 到2012年,云南省82%的县级以上行政区水务一体化管理改革完成。

(三) 推进小型水利管理体制改革

2009年11月,云南省启动了小型水利管理体制改革试

---

① 《解放思想、开拓创新,全面深化水务管理体制改革——在全省深化水务改革工作现场会上的讲话》,2008年7月1日,云南省水利厅网,http://www.wcb.yn.gov.cn/ldzs/jh/1484.html。

点，随后，小型水利管理体制改革在全省推开。小型水利管理体制改革的背景有三：一是人民公社时期，小型农田水利工程由生产队来管，但家庭承包经营体制实施后，没有了管理主体。村民普遍存在搭便车的思想，只知道用水，不愿投入水利设施管理。二是小型农田水利设施作用发挥不充分。因为没有人来管理水利工程，就没有人来收取维修费，水利工程长期得不到维修，病险状况突出，因此，本应发挥重要作用的小水利工程难以充分发挥应有的作用。三是水资源浪费。由于没有人管，水多时没有蓄积，水少时"一哄而上抢水"，人人希望多灌水，造成了严重的水资源浪费。因此，云南省小型水利管理体制改革的目的是实现"工程有人管、工程正常运行、水资源得到节约、老百姓得到实惠"。到2011年8月，云南全省共计69个县市区完成农村小型水利工程管理体制改革，147万件小坝塘、小水渠、小水窖、小水井等农村小型水利工程找到新主人，工程有人建、有人管、有钱养，126万件工程领到了产权证，发证率达86%。

小型水利工程管理体制改革的措施及内容有三个方面：一是明确产权，为水利设施找主人。二是建章立制，建立产权所有人与其他主体之间的谈判、协商机制，以及收益分配机制。如一个既供灌溉用水，也供饮水，又养鱼的小坝塘，遇到干旱，产权所有人不能只顾自己养鱼，而不管灌溉和饮水。这不仅需要建立产权主体与其他主体之间的协调沟通制度，也必须制定一些强制性的措施，如大旱之年放弃养鱼，优先供给人畜饮水。三是划定改革范围。小（一）型由县上管，小（二）型由乡上管，小坝塘、小泵站、小沟渠由村管，小水窖由村民自己管。小型水利工程管理体制改革后，由村及村民管的水利工程包括小坝塘、小泵站、沟渠，以及小水窖，管理方式主要有承包、股份合作、委托管理、用水合作组织和农户自行管理5种。

以曲靖市为例，可以看出云南农村小型水利管理体制改革的基本情况。截至2010年年底，曲靖市共有各类小型水利工程214166件，其中：小坝塘1718件，小水池17644件，小水窖188365件，1立方米/秒以下沟渠2329条，小型泵站1578座，小型机电井170座，输水管道2224条，小型河道治理工程138件，乡镇集中供水工程266件，农村人畜饮水工程29521件，小型引水工程1783件。通过农村小型水利工程管理体制改革，共发放产权证210583本。采取的管理方式有承包、股份合作、委托管理、用水合作组织和农户自行管理5种，其中采用承包管理的工程8919件；采用股份合作管理的工程1件；村集中供水工程1件；采用委托管理的工程11116件；采用用水合作组织管理的工程7935件；采用农户自行管理的工程182600件。

曲靖市会泽县于2010年12月25日全面完成小型水利管理体制改革工作。改革涉及69263件农村小型水利工程，小塘坝24件，小水池8672件，小水窖58715件，1立方米/秒以下的沟渠189件，乡（镇）村集中供水工程26件，农村人畜饮水工程1437件，小型引水工程59件，小型泵站52件，小型机电井11件，小型河道治理工程46件，输水管道32件。属国家所有50件，集体所有1385件，用水合作组织所有的441件，个人所有67387件。通过改革，采取个人管理的有67387件，委托管理的有1427件，用水户协会管理的有441件，承包管理的有8件。

改革使曲靖市小型水利管理养护从以前的"要我管理"变成了"我要管理"，保证了工程正常运行。在近年的抗旱中，发挥了极其重要的抗旱减灾作用，极大地减少了旱灾造成的损失。承包出去的小水库、小塘坝，管理责任主体抓住有利时机，清淤扩容，增加蓄水，使其充分发挥效益，在汛期积极做好蓄水工作，在大旱时为当地提供一定量的供水水源；实行收费管理的人畜饮水工程和烟农田水浇地工程，管理养护到位，工程运行正常，在水源没有干枯的地方，基本上满足了受益区群众生产生活用水需求，同时，也增强了当地群众节水意识；采用用水合作组织方式管理的工程在协会的统一指导下，进行清淤排障，对险口险段进行维修加固，尽量防止水量损失，保证供水；自用自管的小水窖工程，农户对小水窖提前进行蓄水，作好抗旱准备，大部分地方用水基本得到保障。①

再如红河州农村小型水利工程管理体制改革任务于2011年10月底完成，共完成了134个乡、镇（办事处）233105件小型水利工程的改革及州级验收工作，实现承包236件、租赁4件、用水合作组织管理8147件、集体管理15821件、委托管理20236件、农户自建自管186653件、其他形式管理2008件，并完成产权证发放工作。通过承包、租赁、用水合作组织管理、委托管理、自建自管等方法不同、形式各异的小型水利工程管理体制改革，使全州大批农村"小水利"工程明确了"主人"。

到2012年底，全省共有129个县（市、区）基本完成农村小型水利工程管理体制改革，200多万件农村小型水利工程进行了管理体制改革。在云南农村干旱治理中，小型水利工程管理体制改革调动了农民的主体积极性，强化了水资源的合理开发利用。通过建章立制，建立了小型水利基础设施运行的基本制度，规范了产权所有人与其他主体之间的权利义务关系。通过划定水利设施的管理主体，明确了不同主体对小型水利基础设施的管理范围，激活了农村小型水利维护与管理的积极性，提高了蓄水、节水的效率。

（四）加强社会化服务机制建设

在云南农村水利发展中，受行政区域影响，水资源利用不合理，浪费用水和无水可用的情况同时存在；工程建成后没有相应的管理机构和管理制度，有人用无人管理较为普遍，维修管护资金无保障，沟渠、管道渗漏，池、坝坍塌淤积，有的甚至丧失蓄水或输水功能，水利工程效益逐年衰减。2006年农

---

① 主要根据《曲靖市小农水改革在抗旱中发挥大作用》，中国防洪抗旱减灾网，http://www.rcdr.org.cn/ArticleList/81066.htm，发布时间：2012年3月20日；《曲靖市会泽县小农水改革成效在抗旱中显现》，中国防洪抗旱减灾网，http://www.rcdr.org.cn/ArticleList/81065.htm，发布时间：2012年3月20日的材料整理。

村税费改革取消劳动积累工和义务工制度后，农村小型水利建设投入与管理问题更加严峻。为了适应农村水利管理体制改革的需要，解决政府管不了、管不好、农民又不愿意管的水利事情，避免农民主体"缺位"，云南大力发展农民用水户协会，探索水利社会化服务机制。在实践中，通过成立农民用水户协会，让农民用水户协会参与工程建设，监督工程资金使用，承担工程建成后的水费收取、工程管护等职责，形成群众建前、建中、建后全程参与的民主化管理制度，把群众由单纯的被动受益者转变成为复合的主动参与者，使工程从建设到管理始终处在群众的参与和监督之下，有效地提高了工程规划建设和管理水平。在实际运行中，农民用水户协会的任务是建设和管理好农村水利基础设施、合理高效利用水资源，不断提高用水效率和效益，为用水户提供公平、优质、高效灌排服务和饮水安全保障，达到提高农业综合生产能力和生活水平、增加农民收入、发展繁荣农村经济、保护和改善生态环境的目的。如楚雄州自2002年就开始探索与用水户协会相关的农村水利建设与管理机制。

2002年，楚雄州在双柏、南华、武定三县各选择一个村委会（社区），按经济条件好、中、差三个等次开展了"山区小康水利"试点工作，从项目实施开始就组建用水户协会作为项目法人，协会按照自愿进出、平等互利的原则成立。由村党支部、村委会提名候选人，拟订《用水户协会章程》，召开用水户大会，讨论通过《用水户协会章程》，由全体用水户会员民主选举会长、副会长和秘书长，具体负责协会的全面工作。《用水户协会章程》对协会的性质、职能职责、会员的权利和义务、工程建设与管护、群众集资投劳、水费收取和使用、资产管理等作出具体明确的规定。根据《用水户协会章程》由用水户协会研究制定了《财务管理制度》《投工投劳和集资管理办法》《供用水管理办法》《会员会费收支管理办法》《水费收支管理办法》《水利工程施工管理办法》《水利工程运行和养护管理办法》等规章制度。

用水户协会建立后,通过用水户协会参与部分小型水利工程建设与管理。建设所需资金采取政府投入扶持一部分,群众集资投工投劳一部分,优惠价预售水筹集一部分的办法解决。如妥甸镇西城社区用水户协会规定生活用水现行水价为1.00元/立方米(参加投劳集资的为0.5元/立方米),提前优惠预售水价为0.7元/立方米,该社区上村村民小组提前售水就筹集资金10万元,有的用水户预购了3年用的水。

三个试点村(社区)从当地实际出发,认真测算成本水价,组织广大用水户协商讨论,合理定价,实行有偿用水,以支撑水利工程的管理、维修和发展。三个试点村的水价标准分别为:妥甸镇西城社区生活用水1元/立方米,农业用水0.04元/立方米;发窝乡山品村生活用水0.3元/立方米,农业用水(旱地0.4元/亩,水田5元/亩);天申堂乡石桥河村生活用水0.4元/立方米,农业用水0.03/立方米。同时,在投工投劳、集资和收取水费时,充分考虑"五保户"、"特困户"等弱势人群的实际困难,该减免的给予减免。

到2008年底,楚雄全州累计成立农民用水户协会1040个,其中民政注册322个,参与农户217166户,861744人,管理着小(二)型水库322座,小坝塘2421件,沟渠15616条,农灌面积63.12万亩,人畜饮水管道4943.22千米。

成立用水协会创新了管理体制和工作方式。坚持"谁建、谁管、谁受益"的原则,解决了主体缺位的问题。一改过去由政府出钱,群众投工,乡、村包办,重建轻管的做法,由协会去宣传动员组织群众,让群众自己协商,自主办自己的事。让广大群众从被动地接受变为主动地参与,变"要我建"为"我要建"。成立用水协会创新了农村水利管理体制,对农村水利社会化服务机制进行了探索。

二、抗旱服务机制建设

(一)加强组织领导,动员全社会参与抗旱

干旱不仅对特定的农村区域造成了影响,而且对特定区域内的整个社会包括城市都造成了影响。因此，农村抗旱需要建立全社会参与的体制机制。云南在干旱严重的年份，加强组织领导，动员全社会参与抗旱，尤其是全省性大旱时，云南成立自上而下的抗旱领导小组，由各级政府一把手负总责，分管农林水的领导为指挥长，水利或水务主要领导为副指挥长，组织成员包括水利、农业、气象等部门，全盘统筹区域内抗旱工作。抗旱一线的乡（镇）领导具体负责，分管农林水的副乡（镇）长带队，与村"两委"干部组成一线抗旱工作组，制定具体抗旱措施。通过加强自上而下的抗旱领导，使各种抗旱指令迅速传递到基层；同时，通过加强自下而上的旱情传递，使各种旱情迅速传递到省防汛抗旱办公室。在掌握旱情的基础上，各地积极动员全社会参与抗旱。

在云南农村抗旱中，各级政府始终坚持建立全社会参与的体制机制，积极动员企业、各种社会团体、城市居民参与抗旱。云南农村水利不仅具有保障特定农村区域内农民生存、生活和发展的功能，而且对特定区域内的整个社会包括城市都具有保障功能。农村干旱来临时，只有建立全社会参与抗旱的体制机制，号召全社会参与抗旱，努力建设节水型社会，才能共同应对干旱对整个社会带来的影响。否则，城市供水主要来自农村，农村干旱将减少城市供水，对城市居民的生活、生产造成巨大影响。从这个角度讲，云南农村水利建设需要城市的参与、城市的支持。

正是基于建立全社会参与的必要性，云南在农村抗旱中始终坚持建立全社会参与的机制。这不仅是过去云南农村抗旱的经验启示，同时也是指导未来云南农村抗旱的首要原则。这一经验在干旱治理中的应用，提高了云南全省应对干旱的能力。

（二）建立挂钩包村、包片服务制度

面对干旱，云南省各州（市）普遍建立领导、单位挂钩包村、包片服务制度。即每个领导或单位挂钩负责一个乡、一个村或一个片区的抗旱救灾工作。由挂钩领导或单位负责联系挂钩地区的抗旱保民生工作，负责了解灾情、协调救灾资金的落实、组织群众抗旱自救等。2012年以来，云南省水利厅把抗旱保民生与深入开展"四群"教育有机结合，建立抗旱保饮水促冬春农田水利建设工作厅领导分片联系制度，把全省9个受旱严重的州（市）分为8个片区，由8位厅领导为分片联系责任领导，处室责任到县，督促各地落实城乡供水安全行政责任制、增蓄应急重点项目建设责任制和供用水方案、库塘池窖增蓄方案。① 在干旱严重的州（市）、县，也普遍建立了领导挂钩责任制度。

如曲靖市实行市级领导包县（市），县级领导包乡（镇），市、县两级部门挂钩包村委会（社区），乡级党政干部和股所站长直接挂钩包组到户的包保责任制，33名市级领导包9个县（市、区），289名县级领导包15个乡（镇、街道），159个市直单位、910个县直单位分别与全市1607个行政村（社区）结成挂钩帮扶对子。

楚雄州实行州级领导联系督查制度和州委、州政府抗旱蓄水工作组包县市、水库指导责任制，组建了10个工作组到10县市组织指导蓄水抗旱工作。各地建立了一批党员、民兵、妇女抗旱突击队，确保了人饮解困工作不漏一村、不漏一户、不漏一人，确保城乡供水和人畜饮水安全。如永仁县莲池乡莲池村委会羊西道村杨开洪在乡党委、乡政府的支持下，成立了一支有施工技术的14人的"党员抗旱突击队"，哪里群众需要修建水窖，党员抗旱突击队就出现在哪里。突击队还分成多个小组，由小组带着农户干，边干边培训，做到建一个水窖让建水窖的农户学会一门施工技术。仅2012年前两个月，党员抗旱突击队已在全乡修建水窖262个，对1100多名农民进行了简单的施工技术培训。

文山州砚山县建立了县级各部门及防汛抗旱指挥部成员单位挂钩负责制度，各部门挂钩到饮水困难乡（镇）、村民委

---

① 云南省防汛抗旱指挥部办公室：《省水利厅抗旱保供水工作情况》，云南省水利厅政府信息公开网站，http://lj.xxgk.yn.gov.cn/canton_model24/newsview.aspx?id=1860096。

（社区），建立健全四级（县、乡、村民委、村小组）岗位责任制，帮助指导群众抗旱救灾。并成立抗旱救灾工作协调组，从农科、林业、国土等 11 个部门人员充实到防汛抗旱办，各级各部门派出工作队深入一线指导灾区群众进行生产自救。

（三）建立水资源分类使用制度

分类使用水资源，是云南很多少数民族村寨长久以来形成的节水、惜水措施。各少数民族村寨和群众，将水资源分为人饮做饭、畜饮洗衣等类型，有的在分类的基础上还循环利用，这些做法是云南少数民族群众在与水打交道的过程中逐渐形成的良好生活习惯，对云南农村节水、惜水具有重要的借鉴意义。目前还可以看到的丽江市古城中纳西族群众设计"三口井相连"① 水利设施，就是分类使用水资源的典型代表。"三口井"中，第一口为饮用水、第二口为洗菜用水、第三口为洗衣用水。三口井有一个共同的水源，水源通过沟渠首先进入第一口井，第一井水满后流入第二口井，第二口井水满后流入第三口井，随后再通过沟渠排出。

而西双版纳州的傣族把大自然中的水分为三类：第一类是可以直接饮用的纯净水，包括大部分井水、龙潭水和洁净的山泉水；第二类是专门用于洗菜、洗碗、淘米等相对洁净的井水；第三类是生产、洗衣物、洗浴等用的箐沟水、江河水。傣族群众把第一类水从井中打回家后，用自制的土罐装好，放在专门搭建的房屋阳台或屋内清凉处，随时可以饮用或做餐饮使用；第二类水打回来后，放在阳台外面随时使用；第三类水则由人们自己到江河、溪流中去直接使用（洗衣物、洗浴）或通过开挖水利工程引到田间地头使用。② 在红河州金平县哈尼族的一些村寨，当地群众把水质好、可以直接饮用的水通过水管引入村里，接到每家每户；而村里其他水质差一点的水引入

---

① 当地人称为井，实质上是三个长方型的小水池，水池也不深，每个水池容量大约在 $5m^3$ 左右。三个水池相连，第一个水池水满后流入第二个，第二个流入第三个。

② 刀国栋著：《傣泐》，云南出版集团公司云南美术出版社，2007 年出版，第 27 页。

村中沟渠，沟渠流经村子中心，可供放养的猪、鸡自行食用。同时，每隔一段有一个小坝塘，可用来洗衣服。云南少数民族群众对水资源的分类使用，一方面使不同类型水质的水资源都能够充分利用起来，充分发挥了不同水质水资源的效用；另一方面，分类循环使用使有限水资源得到了充分利用。这一经验在近年云南抗旱中也得到了广泛推广和应用。

在 2009 年以来的大旱时期，全省进一步推广水资源分类使用制度。一方面，城市部分企业、社会组织通过奖励方式鼓励分类使用水资源。如昆明市电视台通过"你节水我买单"的方式，鼓励群众分类使用水资源。在广大农村，由于大旱时期水资源短缺，部分村民或主动或被动地确立了分类使用水资源的制度，将洗澡水用来洗衣服，将淘米水用来洗菜、洗菜水用来喂牲畜等。分类使用水资源制度的应用和推广，有助于充分利用农村干旱时期有限的水资源，提高云南应对干旱的能力。

（四）加强水资源开发利用与调度管理

在抗旱救灾过程中，云南省以水利部门为核心，坚持把科学调度、合理用水作为保障城乡供水和人畜饮水的重要工作，根据各地水源、水量和需水情况，并根据存量、耗量动态，适时做好供需平衡分析，及时调整供用水方案，按照"先生活、后生产，先节水、后调水，先地表、后地下"的原则，重点抓好现有水源的统一管理和科学调配，优先保障城乡居民生活用水和人畜饮水安全。

一方面，加大地下水源的合理开发利用。2010 年到 2011 年，云南全省成功打井 500 多口；2012 年到 2013 年，云南计划新打井 260 多口，解决 50 多万人的饮水安全问题。截至 2012 年 2 月，云南省国土资源厅已组织 79 台套钻机开展地下找水工作，施工深井 79 口，已成井验收 20 余口，日出水量 6300 余立方米，缓解了约 8.5 万余人的饮水困难。昆明市对城市供水原水管道分布情况及地下水资源分布情况进行了现场查勘和科研分析，制定完成了《昆明市地下应急水源地建设方案》(以下简称《方案》)。《方案》确定,晋宁新街、牛恋,盘龙白邑盆地,官渡金钟山、花庄水库清水海输水管道沿线4个地下水富集区域,将作为地下水应急供水水源地。新街、牛恋应急水源地计划开凿8口地下取水井,预计每天可取水1万立方米;白邑应急水源地凿井15口,每天可取水3万立方米;金钟山应急水源地凿井9口,每天可取水1万立方米;官渡区工业园区应急水源地凿井2口,每天可取水0.05万立方米。4个应急水源地建设共开凿34口地下水井,总取水量为每天5.05万立方米。

另一方面,加强水资源合理分配与调度管理。根据各地实际情况,采取限制高耗水行业用水、实行阶梯水价、推行中水回用及分片定时限量供水等严格的节水措施,强化用水定额管理,切实加大节水力度。部分乡镇深水井供水不足时,对深水井供给的管网内村庄进行限时供水,早上供一个村,下午供一个村。楚雄州以"总量控制、以供定需、合理分配、有保有压、强制节约",调整生活用水定额。城镇从每人每天100~150升的标准调整为80~100升;集镇从每人每天100~150升的标准调整为50~60升;农村从每人每天60~70升的标准调整为35升;双柏县采取节水、限水措施,加大管网维护力度,最大限度节约水资源,将正常日供水量3300立方米降至2400立方米。红河州严格管理水库用水,中型水库须有县市政府行文并上报州水利局备案后方可调水。针对跨区域的调水,需上报州水利局协调;针对小(一)型、小(二)型水库和其他工程用水,分别由县市水利(水务)局调度并上报州水利局备案。建水县实行以供定需,减少跃进水库供水量,由每天供水2万立方米减为每天供水1.2万立方米,对县城经营性洗车点和高耗水企业限量供水。文山州砚山县实行限时限量供水,县城日用水量从原来的7400立方米下降到了5000立方米;广南县则计划将县城供水量从10000立方米每日降到7000立方米每日。曲靖市降低城市供水指标,中心城区居民用水计划由人均每天120升削减为80升;私人用户阶梯式水价标准由每户每月 15 吨下调至 10 吨。同时，加强水资源的合理调度。在 2012 年抗旱保春耕中，麒麟区对调水工作实行统一指挥、统一管理、统一调度；对调水中涉及到的涵（闸）实行 24 小时管理制度。在麒麟区，小（一）型水库由区防汛抗旱指挥部办公室集中统一调度，小（二）型水库、坝塘由各乡（镇）、街道调度使用。

此外，一些村庄在农田灌溉中积极推进公平合理的水资源分配模式。公平合理地分配水资源是云南一些少数民族群众在水资源分配中坚持的原则，其做法也成为云南农村水资源调配可以借鉴的经验。在西双版纳的傣族地区，流行着一种分水方法，根据田块大小及田地的用水量，在一块特制的分水木板上砍开大小不等的口子，将其横置在沟与田或高田与低田的交接处，水经过砍开的木槽口流入各家的田地。一年一度的分水一经确定，大家都必须遵守。私自改装木板，将受到严厉的惩罚，如减少分水量。笔者在文山州麻栗坡县调查时，当地的瑶族群众在分水中也采取了类似的办法。根据各家田块面积及用水量，在沟与田之间用一根木头凿开一个口子，安装在田块进水处，确定每户人家田块的引水量，私自提高和改变木头开口，将受到减少引水的处罚。

云南部分少数民族群众的这种公平分水法的核心经验在于：一是根据田块面积及作物公平合理地分水，避免少数人多灌水引起的对水资源的浪费；二是水丰之月定下分水标准后，就不再改动，当不可预期的干旱来临时，不能擅自更改分水量，全村共同承担干旱带来的影响。这一经验如果能够在全省抗旱中推广，这将使全省不同区域、不同人群能够共同承担干旱带来的影响。如一个供城乡饮水和农业生产的大型水库，在水丰之年，根据农业生产需求和城市居民生活需求，确定城乡供水量，并将城乡供水量占水库实际蓄水量的比例计算出来。当干旱来临时，仍然根据丰年确定的比例来向城乡供水，那么，城乡居民共同承担干旱带来的影响的局面就已形成。如果出于"先保人饮，后保生产"的方针，城市就需要用钱来购买本应用于农业生产的水资源，这样，城乡共担的抗旱机制就完整地建立起来，对于促进云南农村水利建设的公平性具有重要的现实意义。

（五）积极提供分类抗旱服务

当大旱来临时，旱情对不同村庄、不同人群的影响不同，对生活和生产的影响不同。有水源的村庄，村民可以自救；没有水源或水资源短缺的村庄，村民自救困难，是农村抗旱的难点；有青壮年的家庭抗旱自救能力强，而孤寡老人、留守老人、留守儿童，以及学校、医院等机构自救能力弱，是抗旱保民生的重点人群或对象；高粱、玉米耐旱时间长，而水稻耐旱时间短，是旱灾中应当减少种植的作物。因此，农村抗旱需要根据不同村庄、不同人群的特点，分类施策，鼓励自救，帮助自救不足者，发展耐旱作物，等等。

在2009年以来的干旱治理中，云南各地针对不同的群体提供不同的抗旱服务：针对一些交通不便、饮水困难的村庄，在充分动员发动群众自救的同时，督促各地采取划片包干、干部结对帮扶等方式，购置各种拉水送水器具，动员机关、企事业单位及抗旱服务组织、公安、消防、武警等各单位，调集一切可用力量，组织应急送水队伍，无偿为灾区群众特别是交通条件较差的山区半山区群众拉水、送水、抽水、提水。同时充分发挥基层党组织、村民自治委员会的作用，随时掌握各地的缺水情况，定期走访排查"五保户"、留守老人、儿童等饮水困难群体饮水安全状况，及时掌握群众饮水困难情况，并公布专门的送水电话。重点解决农村孤寡老人、残疾人、五保户及贫困家庭的饮水困难问题，为他们送水。2012年1至2月，云南省消防官兵共出动车辆5093辆次，出动官兵18564人次，向4600余个村寨、社区送水21.9万吨。[1] 具体到各州（市），昆明市按照市包县、县包乡、乡包村、村包组、组包户的要

---

[1] 王琳、章黎、李嫒池：《消防官兵送水来》，云南网，http://yn.yunnan.cn/html/2012-02/26/content_2063611.htm。

求，组织14个县（市）区及各开发区成立抗旱应急服务队伍，为缺水地区的群众拉水送水，做到不漏一村、不漏一户、不漏一人，不让一人因旱喝不上水。2012年1至2月，全市最大日投入抗旱人数27.28万人，临时解决50.52万人、28万头大牲畜饮水问题。① 红河州泸西县三塘乡为了应对严重旱情，乡政府于2009年挤出资金买了辆送水车。2012年2月干旱严重时，泸西县三塘乡水管站每天奔波在当地村寨，给群众送水，一天要跑4趟，来回两三百公里。② 石屏县牛街镇在抗旱送水中，在旱情严重的自然村协调3~5口人员比较集中、群众比较方便取水的公用水窖，政府负责组织调运供水至村组调节的公用水窖中后，由受灾群众自行到公用水窖取水，保证民生生活。曲靖市把山区作为重点和难点，距水源点5公里以内的，组织群众采取互助自救等形式运水；距水源点5公里外的，由当地党委、政府负责无条件送水；对无力购买运水工具的贫困群众，由当地党委、政府负责组织配发；五保户、老弱病残等特殊群体和学校、医院等单位，由当地党委、政府组织力量及时送水，确保不让一个村、一户人家断水。

面对干旱对农业生产造成的影响，各地因地制宜，从三方面来提供抗旱服务：一是引导群众合理躲避重灾期。根据气象部门的中长期预报，引导广大农民根据雨季安排耕种，如2010年干旱持续到春末，各级政府根据气象部门的预报，引导广大农民推后大春耕种，有效躲避了重灾期下种苗枯死的问题。2011年，根据气象部门的预报，重旱发生在夏末，各地积极引导广大农民抢种小春，在重旱来临之前抢收，有效地躲避了重灾期，大大降低了因灾损失。二是提供生物抗旱技术服务。在抗旱中，各地大面积推广生物抗旱法，引导广大农民使

---

① 李竞立：《昆明送水不漏一村一户一人》，云南网，http://society.yunnan.cn/html/2012-02/20/content_2051792.htm。

② 伍晓阳：《乡水管站长抗旱送水忙》，新华网，http://news.xinhuanet.com/politics/2012-02/28/c_111578797.htm。

用"旱地龙"等来提高农作物抗旱时间,缓解因灾损失。三是引导农民调整种植结构,种植耐旱作物。针对持续性的、连年的干旱,各级政府积极引导广大农民调整种植结构,原来种稻谷的改种玉米;一些原来种植玉米的耕地种植高粱等耐旱作物。

在云南农村抗旱服务中,各级政府始终把确保群众饮水安全放在首要位置,这一做法充分抓住了水利以保生存、生活为基础的实质,是云南农村干旱治理的基本经验之一。农村干旱治理和农民群众的生存、生活、生产息息相关,抗旱保人饮充分彰显了各级党委政府重民生的指导思想及实践。农村群众饮水安全是水利建设和干旱治理的基本要求,一方面,需要保障每位群众都能够有水喝;另一方面,需要保障每位群众都能够喝上放心水。如果农村群众因喝水而出现问题,水利建设与干旱治理难以保证正常的生存、生活需要,生产的发展也再无意义。

这一经验在干旱治理中的实践,使云南农村在2009年以来的连续大旱中,仍然保持稳定和谐,没有出现因喝不上水而引发的社会问题。干旱对农村群众的正常生活、生产造成了巨大影响。但当生活和生产都受到严重影响时,干旱治理的首要任务是确保群众饮水安全,保障农民群众的正常生活,以维护旱区群众生存、生活需求为首要任务。所以,2009年大旱以来,云南确立了"先保人饮,再保生产"的抗旱保民生方针,通过寻找新水源、打深水井、送水等措施,使每一位旱区群众都能够喝上放心水。

此外,云南进一步加强人工降雨的投入、大力推广生物抗旱、扩大抗旱物资购买补助范围。如昭通市各级农业部门、防汛抗旱办、乡镇政府在引导农民调整种植结构的同时,鼓励采用生物抗旱的办法,使用"旱地龙"等生物抗旱制剂。据村民介绍,如果干旱持续时间短,提前对农作物进行喷洒后,"旱地龙"的效果很明显,能够延长作物耐旱时间一周。

总体上讲,云南全省在抗旱服务中,开源与节流并重,临时性与长效性机制并举,从干旱对农村造成的生产困难、饮水困难两大影响出发,以确保安全饮水为首要任务,通过合理开发利用地下水、送水等措施,保障旱区群众生活用水。同时,通过调整种植结构、生物抗旱、避开重灾期等方式,力保旱区农业生产,缓解广大群众因灾造成的减产。面对干旱,各地积极制定抗旱保民生的规划,根据区域性特点,采取分类措施。如开远市根据市情,将开远应急抗旱工程布局分为四个区域。第一类区域为开远境内以中型水库控制区域为主线,包括大庄羊街坝、开远坝。该区水资源需求量大,供求矛盾突出,主要以水资源高效利用的节约型应急抗旱工程为主。第二类区域为第一类区域水利工程无法覆盖的区域,如碑格山区、中和营镇大部分地区,第二类区域大多处于岩溶地区,水资源极其匮乏,经济落后,主要在已有"五小"水利建设利用的基础上,以人畜饮水安全的应急抗旱工程建设为重点,同时再兴建一批田间地块的小水池,确保大春作物苗期用水。第三类区域水资源丰富,是开远市的水源地,以仁者冲、南洞河、东联村、三台铺、白土墙小流域水土流失综合治理为重点,加强已有水源林保护和工程管护。第四类区域为前三区控制以外地区,如灵泉、乐白道办事处山区,小龙潭办事处,以打井提水和兴建小水池、小水窖等应急抗旱工程为主。

(六) 加强节水型社会建设

在抗旱中,云南省水利厅号召和要求各地多措并举加大节约用水力度,大力倡导低水生活,切实增强广大干部群众的节水意识。在实践中,借助干旱警示的水资源重要性,云南从三个方面推进节水型社会建设。一是加大节约用水宣传。利用干旱警示的水资源短缺问题,各级各部门加大节水宣传力度,采用灵活多样的方式,如以广播电视、中小学课堂、农村赶集时的集镇为载体,向广大旱区、非旱区农民,以及城市居民宣传节约用水的意义。2011年,楚雄州楚雄市广泛发动市属各单位、各乡镇党员干部及广大群众了解抗旱工作的严峻形势,并不断增加宣传覆盖面,对抗旱节水措施的理念及方法、节水农业科技措施以及帮扶困难群众、开辟新水源等方面进一步宣传。对抗旱保饮水工作中涌现出的典型经验和先进事迹及时进行宣传报道。红河州利用广播、电视、报刊等形式32次宣传抗旱工作，通过张贴宣传标语、发放节水宣传资料等形式加强节水宣传，增强群众节水意识。

二是倡导分类循环利用水资源。在干旱面前，云南各级政府倡导，群众自觉、自愿形成了分类循环利用有限水资源的良好习惯。广大农村群众利用洗菜水、淘米水来喂牛、羊，用洗脸水来洗衣服，并将用剩的水用来浇庭院旁的菜地。旱区的城市居民，也自觉将洗脸水、洗菜水储蓄起来，用来冲厕所。城乡居民分类循环使用水资源，使云南旱区有限的水资源得到了充分利用，一定程度上缓解了水资源短缺之不足。

三是推进城市生活污水的再利用，曲靖市积极探索将城市生活污水处理后的"中水"用于工业生产，每年将减少1000多万立方米工业用水，减轻农村供水负担。

三、管理服务体系存在的问题
（一）服务机制不完善

一是干旱服务观念还停留在事后服务阶段，还没有形成事前服务机制。因为干旱的不可预期性，目前云南干旱服务主要是一种事后服务，即干旱发生后的服务，还没有建立起事前服务机制，即提供长效性的干旱服务机制。

二是城乡水资源公平使用与调度机制不健全。城市用水来自于农村，蓄水却以农村蓄水为主，农村水资源处于只出不进的状况。

三是城乡一体化服务机制建设滞后。旱灾来临之时，先保城市居民饮水安全，农村生产用水和生活供给不足；农村保障城市供水基础上形成的"以乡促城"的抗旱机制初步建立，但城市支持农村抗旱的机制尚未建立。抗旱成本以政府和农民负担为主，城市居民较少负担抗旱成本。最典型的是水源地农民在大旱之年为保城市供水而放弃农业生产，最后却只有政府的"保城市供水后的农业损失补助",而没有得到城市普通居民通过水费等给予的支持。

(二) 水务一体化管理机制建设仍然滞后

调查发现,虽然经过近12年的改革,但云南"多龙管水"的局面仍然没有得到根本转变。同时,防洪、水源、供水、用水、节水、排水、污水处理与回用以及农田水利、水土保持并没有形成一体。2009年以来的连年干旱,更突出了水务一体化改革的滞后。主要体现在以下几个方面:

一是供水、用水、排水、污水处理与回用并没有形成一体化的管理,主要原因是水利基础设施建设滞后,难以为供水、用水、排水、污水处理与回用一体化提供物质保障。以全省再生水生产能力最强的昆明市主城区为例,第1至8污水处理厂2011年共处理污水39368.93万立方米,平均日处理污水约107.86万立方米。但云南中水工业有限公司在1至8污水厂周边区域仅建成再生水管道54千米,再生水供水能力仅达到每天3.2万吨,现有77家单位或小区在使用再生水;且这77家用户每天只能利用约1.6万吨再生水,再生水利用率仅达到50%。同时,部分单位自行安装的中水处理系统中水处理量较小,估计不足3000吨。昆明主城再生水仅占污水处理总量的4%,而再生水利用率不足污水处理量的2%。

二是城乡一体化管理难以实现。首先,因为地质条件,导致农村处于供水一方,而城市处于用水一方,最终却因农村地势高而无法实现城市污水处理后回流农村。其次,因为农村居住分散,实现与城市一体的集中供水等措施非常困难。最后,因为投资农村水利的收益与城市水利的收益差别较大,农村收益较低,而城市相对要高,因此,城市社会融资较普遍,而农村较困难。

(三) 农民抗旱自救服务不足

一是村级抗旱组织服务体系缺乏。全省村一级没有抗旱组织机构,也没有专人负责抗旱工作。虽然全省基本形成了"政府主导、社会参与"的抗旱格局,但因村级抗旱组织服务体系缺乏，广大农民抗旱行为主要是分散的家庭行为，尚没有形成合作抗旱的体制机制，这也导致云南农民抗旱自救能力弱，抗旱成本高。

二是农民合作组织抗旱参与不足。一方面，虽然云南农村成立了大批的用水户协会，但这些协会由于没有组织经费，没有发挥实质性的作用。另一方面，云南省农民专业合作组织发展迅速，具有通过年度会费、入股筹集资源的优势，但目前还没有将合作服务延伸到水利工程管理中来。两方面的原因，导致云南农民组织化参与水利工程管理的不足。

三是私人参与水利管理机制难建立。云南水旱灾害频繁，私人参与水利工程管理收益难保证，私人承包管理机制难建立。目前，云南村一级没有水利工程管理的组织，一方面是因为小型水利工程分布不均，并非所有村委会或自然村都有属于自己管理的小型水利工程；另一方面是《村民委员会组织法》中就没有对设置水利工程管理人员并给予补贴做出明确规定；同时，云南大部分村委会没有集体收入，也没有经济基础为设置专人管理水利工程提供支持。因此，云南小型水利管理体制改革后，由村管的小坝塘、小泵站、小沟渠等，主要是通过承包的形式，租给村民来管理。而村民承包小型水利工程的目的和动力是获得收益，但与云南小型水利工程管理体制改革几乎同时，云南遭遇了连年干旱，在旱区，几乎所有的小坝塘都已干涸，承包者不但不能获得收益，还遭受了巨大的损失。同时，由于云南部分地区农民相当贫困，承包给私人管理的水利工程想要通过供水获得收益相当困难，因为部分农民根本拿不出钱来交费。因此，云南小型水利管理体制改革中探索的私人承包经营小坝塘的机制很难建立起来。

（四）干旱应急保障机制不健全

1. 应急反应体系不健全。一是全省尚未形成固定的、反应迅速的干旱组织动员体系。各地在干旱发生时才临时从各部门、各乡（镇）、村抽调人员组成抗旱领导和服务人员，配合防汛抗旱办公室共同治理干旱。二是各部门、各种社会团体、机构参与抗旱的统一协调与调度机制不健全。目前，全省各部门、各种社会团体及机构抗旱行为各自为政，没有统一协调的机构与机制，全社会参与抗旱的合力没有充分发挥出来。

2. 农业干旱保险发展迟缓。一是云南省农业保险推进的速度还不够快，尚未形成覆盖全省不同产业的干旱农业保险体系。二是云南省农民投保意识不强，加之干旱的不可预期性，农业投保积极性不高。三是保险公司经验干旱保险的动力不足。云南省干旱灾害发生频繁，94%的山区、半山区经营的是靠天吃饭的农业，保险公司接受农业旱灾保险的风险极大，因此，保险公司开展农业旱灾保险的动力不足。

（五）抗旱物资、人才储备不足

1. 物资储备不足。抗旱物资包括大功率水泵、深井泵、汽柴油发电机组、输水管、找水物探设备、打井机、洗井机、移动浇灌、喷滴灌节水设备和固定式拉水车、移动净水设备、储水罐等储备不足；导致云南抗旱物资储备不足的原因主要是投入不足，同时也没有预计到云南突发百年不遇的连年干旱，因此物资储备难以满足抗旱需求。

2. 人才储备不足。人才包括气象、水保、水勘、水利设计等储备不足，难以满足抗旱需求。目前，一个县一般只有5～6名水利专业技术人员，其他的都不是水利专业毕业。且大部分水利部门尤其是抗旱办，多年未进新人，技术人员老化问题突出。据2009年以来各个州/市抗旱需求看，每个县需要的水利专家与这个县的乡镇数基本一致，即每个乡镇需要一名水利专家，才能满足抗旱需要。导致这一局面的原因主要是人才培养、引进力度不够；同时，当前地区分割、部门分割的人才归属与管理模式，也使地区性人才储备严重不足。

四、完善服务体系的思考

水利管理服务体系与抗旱服务体系在云南农村干旱治理中发挥着软件支撑的作用，再好的水利基础设施，服务管理体系不完善，其功能都难以充分发挥。同时，管理服务体系还是整合力量,降低水利建设管理成本、抗旱成本的重要途径。因此,提高云南农村干旱治理能力,必须进一步完善干旱治理的服务体系。

(一) 完善干旱服务机制

一是以党校培训、部门学习为载体,在全省范围内开展加强干旱事前干预和服务的重要性及其相关理论的学习宣传,在全省树立干旱事前治理理念。同时,应加强干旱区即传统意义上的少雨区干旱服务观念培育,建立一种长效性的干旱服务机制,为广大农民提供长期性的干旱服务。

二是建立城乡一体的水资源调配服务机制。借鉴部分州市干旱时期限制城乡居民供水量的实践经验,建立干旱时期城乡公平的水资源分配机制,当干旱来临时,按照城乡居民数及城乡居民生产生活用水量,合理调配水资源,促进水资源的公平调度。

三是建立城乡一体的供水服务机制。在条件允许的地方建立城乡一体的供水管网,打破旱区城乡分割的供水服务体系。

四是扩大城乡梯度水价价差,降低生产、生活用水。进一步扩大梯度水价的价差,通过价格的调节作用有效控制城乡居民用水量和生产用水量。并建立不同用途用水差别化水价制度。针对不同行业实行不同价格、实施阶梯水费,建立鼓励循环再利用水的收费体系和税费政策体系。

(二) 完善农民抗旱自救服务体系

一是加强基层抗旱服务体系建设。在干旱严重的州(市),将抗旱服务机构设置到村,在市、县、乡三级,扩充编制,增加设备,并把村干部纳入到抗旱服务中来。在村一级,抗旱服务队伍要实现老中青循环,年青的要进来,因为抗旱需要23~30岁的重劳力。村的投资不一定要有乡的投资高,可给村干部加点补贴。以一个镇为例,长期的抗旱服务人员配备可能要10人,可以把水管站人员合理利用起来,再招点人,加上临时性动员的民兵,乡镇、村抗旱服务体系将更加完备。同时,每个镇按照自然村个数配备水泵。

二是加强村委会服务体系及组织动员能力建设。一方面，充分发挥基层党组织和村民自治组织在抗旱保民生中的组织动员功能，在云南开展消防村建设的背景下，紧紧依托村委会、民兵队、消防队的人员，借助消防村建设配备的消防车、消防设备，用于抗旱救灾。另一方面，可探索在村委会设置抗旱专职人员的做法，选聘专职抗旱工作人员，并给予一定的补助，抗旱专职人员可兼管集体管理的水利设施及水资源；也可以提高护林员的补贴，由护林员兼管抗旱。

三是加强农民抗旱的组织化建设。一方面，鼓励和允许农民用水协会参与本村水资源管理，并从水费中提取一定的组织发展基金，用于可能发生的抗旱活动。另一方面，引导和鼓励农村专业技术协会、农民专业合作社等与农业生产相关的农民合作组织参与抗旱救灾。目前，云南全省有约 2 万个农民专业合作组织，且每年以 3000 个左右的速度增长，如果能够充分发挥农民专业合作组织在抗旱保民生中的组织动员功能，云南农民抗旱的组织化程度将得到较大提高。

（三）加强物资、人才保障能力建设

1. 加大物资储备力度。加大投入，在全省干旱严重的州（市）建立省级抗旱救灾物资储备库，储备一批大功率水泵、深井泵、汽柴油发电机组、输水管、找水物探设备、打井机、洗井机、移动浇灌、喷滴灌节水设备和固定式拉水车、移动净水设备、储水罐等设备。

2. 加强人才培养和管理方式创新。一是加大气象、水勘、水保专业人才培养；同时，有意识地引进一批气象、水勘、水保专家。二是加强抗旱人才管理方式创新，在全省探索水利人才整合新机制，在不改变人事关系的情况下，在省级层面吸收各单位、各州（市）水利专家组建云南省抗旱专家团，专家团以网络式服务平台为目标打造，专家平时在原单位工作，需要时临时组成全省层面的水利专家服务团，根据抗旱需要为干旱严重的州（市）、县提供技术支持，形成跨部门、跨地区的全省性水利专家服务平台。

（四）完善干旱应急保障机制

一是加强干旱应急反应体系建设。以省抗旱办为载体，建立全省干旱应对反应办公室。将全省抗旱专家、物资储备情况进行备案，建立全省干旱应急反应保障体系专家网络及物资保障网，专家网络及物资保障网只是一个网络平台，而不是具体的机构，专家平时在各自岗位工作，物资储备在各地救灾储备库。同时，创新全省抗旱专家网及物资保障网管理使用模式，当干旱发生时，由省抗旱办迅速动员专家网络和物资保障网中的一切资源，支持干旱严重州（市）抗旱。

二是加大对旱区群众的救助力度。在民政救济中设立干旱救助基金，一旦干旱发生，迅速投入到受灾群众生产、生活救助中，最大限度减轻干旱对农民群众造成的损失。

三是探索政府补助保险公司、农民积极投保的农业保险制度。面对不可预期的干旱，由政府补助保险公司开展农业干旱保险，如由政府按保险公司受理农业干旱保险的田地面积给予补助，并鼓励传统旱区及干旱频繁地区农民投保，降低受灾群众的因灾损失。

第六章 农业生产与干旱治理

水是农业发展必需的生产资料,无论是种植业还是养殖业,没有水都无法进行。一直以来,农业用水都是云南全省以及农村用水的大头,农业生产用水不合理是导致全省干旱的重要原因。根据云南省第一次水利普查资料显示,云南经济社会年度用水量为139.59亿立方米,其中:居民生活用水13.76亿立方米,农业用水105.48亿立方米,工业用水12.72亿立方米,建筑业用水0.49亿立方米,第三产业用水6.08亿立方米,生态环境用水1.06亿立方米。农业用水占75.56%,是全省的用水大户。近年来,云南大力推广滴灌节水技术,有效地降低了部分地区农业生产用水。同时,在干旱中,大力推广免耕、地膜覆盖等抗旱技术,有效地提高了农业抗旱能力。此外,在大旱的影响下,部分地区主动或被动地调整农业产业结构,降低耗水作物种植,扩大耐旱作物种植,对农业抗旱能力的提高具有重要的作用。但农业发展方式和结构布局离节水型农业仍然有较大的差距。本章将从农业种植业的角度来探讨农村干旱治理问题。

一、农业生产与干旱
(一) 农业用水与农村干旱

农业有大农业和小农业之称,大农业等同于第一产业,我国将大农业划分为农、林、牧、副、渔五个组成部分,其中的农业特指小农业——农作物种植。国际上将农业划分为种植业和养殖业。小农业即农作物的栽培通过培育农作物,获得农作物的果实、花蕾、根茎、叶子为目的,农作物生长需要阳光、水和二氧化碳来进行光和作用,其特殊的生产特性决定了农业的耗水性。林业生产与农作物的栽培类似，都需要水来进行光和作用。而畜牧业、养殖业、渔业同样离不开水。因为他们都以动物驯养为手段，而动物的生长需要水。所以，农业（大农业）的发展离不开水，农业用水即大农业一直在云南用水量中占据主导地位。从2008年至2012年云南全省生产用水情况可以看出，农业用水比重一直占全省生产用水的77%以上。具体情况见表5-1。

表5-1 2008~2012年云南生产用水情况表

年份	第一产业		第二产业		第三产业	
	用水量（亿立方米）	比重	用水量（亿立方米）	比重	用水量（亿立方米）	比重
2008	110	81.36%	23.03	17.03%	2.171	1.6%
2009	108.7	80.7%	23.42	17.4%	2.559	1.9%
2010	100.52	77.8%	26.49	20.5%	2.20	1.7%
2011	101.4	77.5%	26.89	20.6%	2.49	1.9%
2012	104	77%	29	21%	3	2%

如果按照农村居民生活用水计算，到2013年底，全省4686.6万常住人口中，农村常住人口2789.5万人，如果按照2012年人均用水72升、一年365天计算，农村人口一年用水7.33亿立方米，仅为农业生产用水的7%左右。

从中可以看出，农业用水量大是云南农村干旱的主要原因，农业用水量每降低一个百分点，就能够为全省农村居民提供一个半月的生活用水。在这样的背景下，农业生产用水无疑与干旱有较强的关联度。换句话说，如果农业生产用水量能够降下来，又通过基础设施改变了全省水资源的分布状况，云南农村干旱发生率将大大降低，如果农业生产用水降低2至3个百分点，云南农村干旱将不会再发生。从这个角度讲，要改善干旱治理状况，必须从农业生产入手，降低农业生产用水量。

作为全省用水量最大的产业，农业用水占据了农村用水的绝大部分。而其中最大的一块是农作物的栽培,即小农业(本章所探讨的主题就是小农业,下文提到农业特指农作物种植)。农业在云南用水量最大,以2012年为例,亩均440立方米的用水量,从一定程度上说明了农业用水大户的地位。我们以4口之家计算,日均生活用水(按人均72升计算)288升,年均用水(按照365天计算)105.12立方米,还不到一亩田一年用水的四分之一。按照这一标准计算,云南全省900多万户农村居民用水量仅相当于200多万亩农田用水量,从中可以看出,农业用水在云南农村用水中的比重,如果农业用水能够降下来,农村干旱发生率将大大降低。

(二) 农业产业结构与农村干旱

农业产业结构对农村抗旱能力的影响较大,产业结构与农村干旱的关系主要体现在四个方面:一是水旱结构。2009年至2013年的干旱中,云南有300万亩水稻改种其他耐旱作物,水稻种植面积下降到600万亩。这从一个侧面反映出原来云南农业产业结构中,耗水作物所占比重较大,而耐旱作物比重偏小。这样的产业结构无疑降低了农村的抗旱能力。所以,为了应对干旱,云南省调整种植结构,减少耗水农业,重点推进"水改旱"项目。2012年春,楚雄州通过在水源地附近提前育苗,将50万亩地进行水改旱,这样一亩地可以节约用水400立方米。50万亩可以节约用水2亿立方米。按照这样计算,全省300万亩水稻实现水改旱,可节约用水12亿立方米。

二是粮经比例。目前,云南仍然有70%的土地用于粮食作物种植,粮食作物的效益低,农民抗旱积极性不足,抗旱能力自然就弱。遇到干旱时,农民宁愿进城打工也不愿投入抗旱。原因很简单,在抗旱中,抽几次水、灌几次水庄稼才能收,生产成本迅速提高;如果遇到播种时连旱,几次补种,成本会更高。同时,由于干旱,农作物长势不好、收成也不好;如果遇上农作物果实生长期干旱,可能出现颗粒无收的结果。所以,自2009年干旱以来,部分农民在村里没有水喝,也干不了其他事,只好到城市去打工。

如在昭通市,2011年,就近进入昭阳区打工,男劳动力一天100元,女的至少有50~60元。现在,劳动力价格上涨,昭通外出打工的已达110万,占总人口的20%以上,剩下的是老弱妇,20~30岁的重男劳动力少。在昭阳区调查时，几名村民告诉调查者，干旱导致谷子已没有收成，家里只能靠以前的存粮。一名妇女说："自己家有4口人，一年要买1000多斤米，2.5元每斤，在家里就没饭吃了。"另一名妇女说："家里共有4口人，买了半年的米了，大概七八百斤，50公斤一袋，现在要140~150元，不打工买不起米了。因此，村里大部分人都已外出打工，有到昆明、江苏、浙江的，但主要还是在昭阳区打工。到外地去，去得好么好，去得不好么路费都没有。"那么农民为什么不留在家里抗旱呢？农民回答得很简单，谷子无法种，玉米也没有什么收成了，不去打工就没有收入了。

与此相反，石林县部分山区以烤烟种植为主，农民在烤烟移栽后，一般不会因为干旱而外出打工，都坚守农村。干旱无雨时，农民用牛车、拖拉机及其他农用车拉水浇，有的半夜还在地里浇烟水。原因在于烤烟作为经济作物，每亩收益可达到3000至5000元，远比粮食作物收入高。所以当干旱来临时，石林农民愿意坚守农村，而昭通农民更乐意外出打工。

三是精品农业与粗放农业的比例。精品农业是一些高附加值的农业，如大棚早熟葡萄、观光农业；粗放农业主要是指大宗农产品的生产。目前来看，云南精品农业所占比例较小，据笔者推测，云南全省精品农业不足500万亩，即常用耕地的10%都不到。粗放经营下，农业耗水、浪费水严重，加剧了水资源短缺现象，降低了农业抗旱能力。从精品农业来看，宾川县在2009年至2014年初的干旱中，农民大多数留在家里抗旱。原因在于宾川县在产业结构调整后，多数种上了葡萄、晚熟橙子，葡萄面积已达到10多万亩。葡萄作为一种精品农业，具有高投入、高产出的特点，据种植葡萄的农户测算，每亩每年的投入在8000元左右，而收成可达到15000元~60000元每亩。基于较高的回报预期，农户遇到干旱时抗旱积极性高、投入也高。在干旱中，农户通过远距离运水来抗旱，用拖拉机拉水、用罐车拉水，或是购买别人拉来的水，一辆20吨的罐车，拉满水最高时卖到800元。笔者的一个表姐2012年还自己出资10000多元在葡萄田里挖井抗旱，虽然最后仍然没有挖出水，但表姐认为以后雨水多了会有水，只是一种长远投资而已。

从几个地方农民抗旱积极性的比较可以看出，高附加值的精品农业经营者抗旱积极性高、能力也强。而粗放农业经营者的抗旱积极性低，抗旱能力也弱。精品农业比例较低，粗放农业比例大，农业抗旱能力自然就低。因此，提高云南农村抗旱尤其是农业抗旱能力的一个现实途径就是加快精品农业发展步伐，扩大精品农业在整个农业产业结构中的比重。

四是设施农业与普通农业的比重。一般来说，设施农业水资源利用率高、浪费较小，微喷灌、滴灌设施的应用，使有限的水资源得到了高效利用。而普通农业通常是粗放经营，以沟灌、田块全覆盖为主，水资源浪费严重。因此，设施农业比重越大，抗旱节水能力越强。但从目前来看，云南全省设施农业不足600万亩，主要分布在城郊农业生产区，以及职业菜农、果农经营的部分农田之中。设施农业与精品农业有所交叉，但又不完全重合。如宾川葡萄走的是精品农业之路，但真正的设施农业不足5%。在这样的背景下，云南农业抗旱能力弱，要想提高农业抗旱能力，走设施农业之路无疑是一条现实的选择。

需要强调的是，笔者所说的设施农业与大棚农业不一样。笔者所说的设施农业是从水利基础设施、浇灌设施来讲的，而不等同于大棚农业。笔者甚至认为，大棚农业的一个特点是提高农作物年生长茬数或改变农作物生产季节，大棚中农作物生长速度快，无疑需水量也大。在目前部分大棚农业仍然以沟灌为主的背景下，茬数的增加，无疑增加单位面积上的需水和用水量，这将加剧农业用水短缺，降低农业抗旱能力。

（三）农业生产技术与农村干旱

农业生产技术的改进，是提高农业抗旱能力的重要措施。目前来看，农业生产技术在抗旱中的应用主要有三种类型：一是节水灌溉技术。节水灌溉是根据农作物需水规律及供水条件，为有效地利用降水和灌溉水，获取农业的最佳经济效益、社会效益和生态效益而采取的多种措施的总称。即：灌溉水（包括降水）进入农田后，通过采用良好的灌溉方法，最大限度地提高灌溉水利用率和生产效率的灌溉技术。[①] 节水灌溉技术主要包括滴灌、微喷灌、渗灌、节水播种灌溉、有限灌溉、

---

① 蒋太明主编：《山区旱地农业抗旱技术》，贵州出版集团贵州科技出版社，2011年1月出版，第119页。

旱地浇灌等技术，滴灌技术的主要原理是将水浇灌到作物的根部，最需要水分的地方。微喷灌集喷灌、滴灌技术之长，比喷灌节水、节能，比滴灌抗堵塞，既可以增加土壤水分，又可以提高空气湿度，起到调节田间小气候的作用。渗灌是通过管壁上的小孔出水渗出水滴湿润根系土壤，优点是给根系直接供水，防止蒸发，水分利用率最高。节水播种灌溉技术是结合播种而实施的一种节水型灌溉技术，用于土壤墒情不足时作物的抗旱播种，特点是在灌水的同时完成播种作业。有限灌溉又称非充分灌溉，或亏缺灌溉，是作物实际蒸散量小于潜在蒸散量的灌溉或灌水量不能充分满足作物需水量的灌溉。而旱地浇灌技术是根据作物生长情况、天气变化特点和可利用的降水资源（如小水窖），在作物关键需水期或土壤水分亏缺时，对作物进行补充浇灌。[①]

二是农作物耕作技术。农作物耕作技术包括适时耕种与少免耕技术、抗旱栽培技术。适时耕种是指按照地区性降水特点和土壤水分周期变化动态，确定耕整土地的最佳时期，适时耕作、播种，减少土壤毛管水损失，避旱保苗的种植技术。免耕是除播种之外不进行任何耕作，少耕则基本上不破坏土壤结构，用作物秸秆、残茬覆盖地表，根茬固土，采用免耕播种，在有残茬覆盖的地表用机械实现开沟、播种、施肥、施药、覆土镇压复式作业，简化工序，减少机械进地次数，降低成本；改翻耕控制杂草为喷洒除草剂或机构表土作业控制杂草的保护性耕作技术。[②]

三是农业耕作辅助技术。农业耕作辅助技术包括覆盖栽培、生物药剂使用等。覆盖栽培指覆盖栽培技术，覆盖栽培可以用地膜、农作物残枝如树叶等，覆盖在农作物之上，一般用于播种后。而地膜覆盖可使农作物减少水分蒸发，提高抗旱能力。生物药剂的使用主要用于抵制农作物生长速度，降低生长所需水分；或提高农作物耐旱能力，如"旱地龙"的使用。

[①] 主要参考蒋太明主编：《山区旱地农业抗旱技术》，贵州出版集团贵州科技出版社，2011年1月出版，第123－130页。

[②] 主要参考蒋太明主编：《山区旱地农业抗旱技术》，贵州出版集团贵州科技出版社，2011年1月出版，第131页。

除以上三种类型的农业生产技术外,选育耐旱品种、优化农作物布局等,如发展立体农业,可使低矮作物在高杆植物的保护下减少阳光照射,提高抗旱能力。但无论如何复杂,农业生产技术在抗旱中的应用,无外乎四个方面的原理:一是提高水资源的有效利用率;二是降低农作物周围土地水分蒸发量;三是改变作物生长规律,降低干旱时期需水量;四是栽种耐旱时间长的作物。从中可以看出,农业生产技术不可能增加水资源量,只能提高有限水资源的使用效率,并降低干旱带来的经济损失。在云南农业用水比重较大的背景下,农业生产技术的革新,能够提高水资源利用率,降低农业用水的总量,对全省抗旱能力的提高具有重要的推动作用。

二、云南推进农业抗旱的实践
(一) 推广节水灌溉技术

近年来,云南大范围推广节水灌溉技术,减少农业生产用水。最重要的措施是在全省经济作物和大棚蔬菜中推广滴灌技术,滴灌技术是通过干管、支管和毛管上的滴头,在低压下向土壤经常缓慢地滴水;是直接向土壤供应已过滤的水分、肥料或其他 kW 化学剂等的一种灌溉系统。它没有喷水或沟渠流水,只让水慢慢滴出,并在重力和毛细管的作用下进入土壤。滴入作物根部附近的水,使作物主要根区的土壤经常保持最优含水状况。滴灌与地面灌溉和喷灌相比,省水省工,增产增收。因为灌溉时,水不在空中运动,不打湿叶面,也没有有效湿润面积以外的土壤表面蒸发,故直接损耗于蒸发的水量最少;容易控制水量,不致产生地面径流和土壤深层渗漏。故可以比喷灌节省水 35~75%。由于株间未供应充足的水分,杂草不易生长,因而作物与杂草争夺养分的干扰大为减轻,减少了除草人工。由于作物根区能够保持着最佳供水状态和供肥状态,故能增产。由于滴灌系统造价较高,同时杂质、矿物质的沉淀会使毛管滴头堵塞,滴灌的均匀度也不易保证,所以,大面积推广滴灌技术存在一定的障碍。目前,云南滴灌技术一般用于茶叶、花卉、大棚蔬菜等经济作物。

如大理州宾川县长期旱情突出,给农业生产带来了严重影响。从 2007 年开始,宾川县委、县政府连续几年在农村大力推广省水、省工的自压滴灌技术。按照计划，宾川五年时间在全县推广配套 5 万亩，缓解多年来一直困扰农户发展山地果园的缺水状况。为了进一步发挥农户的积极性，政府每亩给予农户 200 元的补贴。宾川推广的自压滴灌技术充分利用水源的自然重力落差，一滴一滴地、缓慢、均匀地将水和养分灌溉到作物的根区，使作物的根区保持必要的湿润度，形成有效湿润区，而根区以外的地方是干燥的，几乎没有蒸发和渗漏损失，水的利用率可达 95~98%。特别是在 2010 年旱情严重、供水紧张的情况下，灌滴技术具有明显的优势。截至 2010 年 4 月，宾川县已推广应用山地果树自压滴灌技术 31400 亩，每年每亩可节水 800 多立方米，31400 亩可节水 2685 万立方米左右，相当于在宾川县建起了一个中型水库。① 宾川县老海田村葡萄产业核心示范园区，通过推广滴灌技术，创建了一个涝能排、旱能灌、渠相通、路相连的生产环境时，全村仅葡萄生产可节约用水 23 万立方米。②

（二）推广节水耕作技术

云南各地在实践中不断探索新的节水、保水技术。如中央电视台第 7 频道曾经报道过的曲靖市马龙县在玉米、洋芋的栽种过程中，在下种处挖一个小坑，然后盖上地膜，并在地膜上放少量土，然后利用特制的管装播种器③刺破地膜将种子种下。

丽江市永胜县期纳镇满官村委会自 2007 年开始推广水稻精确栽种法，精确栽种法一方面可以提高产量，而更重要的是能够节约用水。精确栽种过程中，从撒种开始，就要制定一个稻秧生长的时间表，根据稻苗生长的规律，确定什么时间需要灌水。当看到稻苗分出第一片叶子，或第二片叶子时，就该干什么。稻苗生长过程与普通种植不同，普通种植要使稻田浸泡在水里，而精确栽种法秧栽上后就要干一次，稻苗生长的全过程只需灌 3 到 4 次水。村民都说："以前不知道晒田可以促进稻

---

① 杨雄武、赵彬、曹芸：《云南宾川群众采用滴灌技术大旱时节保住葡萄园》，网易新闻网，原载中国新闻网，http://news.163.com/10/0406/16/63JO2ID7000146BD.html。
② 《把旱灾造成的损失降到最低程度》，《云南日报》，2013 年 4 月 10 日第 1 版。
③ 这是曲靖市马龙县群众在种植玉米和洋芋过程中的一种创造，与传统用来种大豆的"点豆桩"相似。主要由一根钢管组成，下方削尖，上方焊接有按压的把手，当播种器按压到地膜下 3 到 5 厘米时，将种子从钢管放入。

苗分根和生长，还老是让秧苗泡在水里。"

昭通全市也在推广地膜抗旱法，如在玉米或洋芋下种前盖地膜，利用特制的工具，把种子种下，然后从地膜外面浇水。这样，地膜可以保持水份，增强作物耐旱时间。2011 年，昭通市把购买抗旱用的抽水机、水泵列入农机购买补贴范围。以期通过补贴，调动农民抗旱自救的积极性。

目前，云南全省都在推广免耕、少耕，节水播种，地膜节水，立体耕作等方面的抗旱耕作技术，这些技术在干旱治理中发挥着重要的作用。主要体现在两个方面：一是抗旱耕作技术减少了水资源的消耗量，能够促进节水型农业的发展；二是提高了农作物的耐旱时间，能够提高农业抗旱能力。进一步推广抗旱耕作技术，能够较大地提高云南农业抗旱能力，缓解干旱对农业造成的影响。

（三）多举措确保农业增效

面对干旱对农业生产造成的影响，云南省千方百计促进农业增效、农民增收。2010 年，面对小春绝收，及时提出"小春损失大春补、粮食损失烤烟补"的策略。如曲靖市坚持抗旱救灾与发展生产"两手抓"，按照"粮食损失经济作物补、种植业损失畜牧业补、农业损失非农补"的思路，及时调整农业种植结构，稳步发展畜牧业，加快农村劳动力转移，加速发展工业和服务业，全力保增长、促发展；2012 年春，全市以抗旱保苗为核心，努力确保全市小春粮食实现产量 38 万吨、实现产值 35 亿元，确保大春种植面积完成 580 万亩，力争完成 600 万亩，着力抓好 17.6 亿株烤烟育苗，确保移栽大田 147 万亩；围绕水情，以水定畜，确保全年出栏肉猪 1350 万头、肉牛 66 万头、肉羊 194 万只、肉禽 2750 万只。

文山州砚山县引导农民调整种植结构，改水稻为烤烟，一亩水稻耗水 600~700 立方米，而烤烟预计仅需 200~300 立方米。全县采取"大春损失晚秋补，种植业损失养殖业补，农业损失二、三产业和劳务补"的办法，由农科部门组织群众对绝收地块改种或在烟地套种荞、旱地麦、豌豆、马铃薯等晚秋作物，确保粮食安全。同时，推广良种良法，2011 年 9 月下达晚秋作物 8.16 万亩以上的栽播计划，待旱情稍有缓解及时补种。烟草部门组织技术人员指导烟农对受灾烟叶进行抢烤，尽量减轻旱灾造成的损失。大力发展畜牧业，努力实现户均增养1头猪或人均增养1只禽。同时，进一步加大劳动技能培训，扩大劳务输出，增加非农收入。因为没有水，文山州砚山县稼依镇动员村民把牛马卖掉，到外地去打工。对留在家里务农的村民，因为连续三年受灾，农民的粮食主要靠往年的积累，2011年9月时，农户的粮食快吃完了，镇里打算发展旱地麦（往年，农民一般种植冬小麦）。这种品种成熟期短，次年3月以前就可以收割。镇里规划了3800亩连片种植，按每亩12公斤种子，需要45600公斤种子，已积极申请上级部门给予补助。2011年9月底，农户已种植2000亩旱地麦（晚秋麦）。

通过分析可以发现，云南各地所采取的确保农业增效的措施无外乎三种：一是劳动力转移，通过解决干旱带来的农村失业问题提高农民收入。这种方式虽然对农民的收入提高有帮助，对农村社会稳定及抗旱有帮助，但对农业抗旱没有任何意义，甚至会加剧农村空心化，进而降低农业抗旱能力。二是巧抓降雨期，调整种植结构和品种，提高农业效益。这种措施从农业本身发展的规律出发，同时强调了农业收益的提高，有助于提高农民在农业上的抗旱积极性，且能够促进基本农产品的有效供给，对提高农业抗旱能力具有重要的作用。三是发展畜牧养殖业，提高农民收入。这种措施从水资源减少，农业生产难以开展的角度出发，有助于农民留在农村参与抗旱，且能够提高肉禽产品的供应量，对区域性农副产品有效供给具有重要的推动作用。

进一步权衡利弊，在云南农业抗旱实践中，劳动力转移就不是最佳的选择，只是一种被迫的无奈。只有当种植业、养殖业都无从开展时，才能推动劳动力转移。否则，干旱时期劳动力转移弊大于利，如加剧农村空心化、导致区域性基本农副产品供给不足、降低农村抗旱能力。因此，干旱时期农村劳动力转移应慎重。

三、农业抗旱存在的问题

农业生产在云南农村干旱治理中占有主导性的地位，因此，探讨如何走出一条节水型农业之路成为云南提高农村抗旱能力的首要任务。而发现农业抗旱中存在的问题，就成为基础性工作。笔者此处所谈农业生产存在的问题主要是从水资源利用、农民抗旱积极性的角度来谈，而不是从农业生产本身的发展角度来谈。

（一）抗旱投入不足

近年来,在干旱影响不断扩大的背景下,云南农村抗旱投入不断增加,但抗旱资金被切分为很多块,却没有农业抗旱专用资金。目前,正常年份云南投入抗旱的资金不足10亿元,主要用于应急供水设施修建、小水窖修建、补助蓄水、免费送水,却没有切块用于农业抗旱。即使在干旱严重的年份,如2009年到2013年,云南全省每年用于抗旱的资金也不足30亿元,能够真正用于农业的资金较少。

目前农业抗旱投入主要来自两块：一是农业部门投入的小型农田水利建设资金,这笔资金无论干旱与否,每年都有,主要用于改善农业生产的水利环境,因此不能说是抗旱专用资金。二是民政救济或农业保险,当干旱严重时,民政部门从社会救济的角度对部分农业损失较大的农户给予适当救济；或保险公司对部分投保农作物给予相应的赔偿。因为民政救济涉及的范围较广,在云南这样贫困面大的省份,低保切块最大；同时,由于各种自然灾害包括风灾、涝灾、泥石流、地震等的存在,各种自然灾害的分割导致用于干旱救济的资金较小。而农业保险因起步晚、覆盖区域小、涉及作物有限,主要是烤烟和少数样板区种植的粮食作物,所以资金规模较小。在这样的背景下,干旱时期用于抗旱的农业技术推广、耐旱作物培育、农作物因旱重复种植的成本分担等没有固定的资金来源,并由此导致干旱中农业部门抗旱四处寻找资金,最终却因资金无着落使农业抗旱无法实施,导致农民抗旱缺少支持,不得不放弃农业而另谋出路。

（二）经营粗放,耗水严重

从调查来看,农业耗水仍然是云南农村水资源消耗的绝对主力,而耗水严重的主要原因是农业经营粗放,主要体现在两个方面。

一是滴灌比例小,沟灌耗水严重。据估算,目前云南滴灌面积不足500万亩,还不到全省常用耕地的5%,主要应用在昆明、玉溪等经济较发达的城市周边的花卉、蔬菜种植,以及红河、大理、楚雄几个州的少数农业产业较发达的县/市。滴灌与沟灌相比,节水在50%以上。滴灌比例低、沟灌比例大,是云南农业经营粗放,耗水严重的主要原因。导致这一局面的原因很复杂,一方面是因为滴灌以农民自主投资为主,政府补贴为辅，农民投资负担重，发展滴灌的积极性不足。另一方面是因为水资源和地形限制，滴灌设施铺设困难。尤其是坡地无水，根本无法铺设滴灌设施。

二是精确栽种推广较少，粗放栽种导致耗水严重。上文也提到云南一些地方探索农作物精确栽种方法，根据农作物生长周期及水分需求来合理浇灌。但这些技术的应用范围较小，如稻谷精确栽种法，笔者只在丽江市永胜县看到过，其他地方仍然采用传统的长期泡田栽种法。除了稻谷外，其他农作物种植仅有少数应用精确栽种法，主要应用在早熟葡萄、大棚蔬菜等种植过程中，如笔者在红河州弥勒县弥阳镇调查时，当地村民在种植早熟葡萄的过程中，专门从外地聘请了一位葡萄种植技术员（浙江来的，长期从事葡萄种植的农民）来指导自己葡萄种植，技术员不直接参与劳动，但随时到葡萄园里查看情况，告诉葡萄种植户什么时候该打药、什么时候该灌水、什么时候应晒田等。再如晋宁县晋城镇湾村农民在种植蔬菜的过程中，严格计算蔬菜生长时间和灌水时间，把蔬菜收割时间计算到天。这样的精确栽种方法，一方面提高了农作物生长速度，另一方面减少了不必要的灌水，对减少农业耗水具有重要的作用。但目前云南精确栽种法的使用范围较小，且有一部分与滴灌农业重合，绝大多数还是以粗放栽种、粗放经营为主。导致这一局面的主要原因是农业比较效益低，在云南的很多地方，农业都已经成为一种副业，只是农民打工之余经营的一种产业，用来获得基本口粮。根本没有心思去琢磨什么精确栽种法。加之部分地区农业生产老龄化，老年人更没有应用精确栽种技术的动力和精力。

总之，目前云南农业节水灌溉技术、节水耕作技术、节水耕作辅助技术应用不广，主要原因在于：节水灌溉技术应用成本高，劳动力及辅助设施成本高导致节水耕作辅助技术应用不足。几个方面的原因，导致云南农业生产技术落后，抗旱能力弱。

（三）产业结构不合理，抗旱能力不足

农业经营粗放，节水技术应用与推广不足，是导致农业耗水严重的主要原因。同时，农业产业结构不合理，也是云南农业耗水严重，同时抗旱能力不足的主要原因之一。具体表现在两个方面。

一是粮经比例不合理。目前，云南粮食种植仍然占全省农业种植面

积的70%以上，经济作物的种植包括蔬菜等面积不足30%。根据第二次土地调查显示，云南总耕地9365.84万亩，其中坡度在6度以下的耕地面积2437.96万亩，仅占26%，而坡度在15度以上的陡坡耕地达4206.87万亩，占耕地面积的45%，优质耕地相对较少，耕地质量明显偏低。在这样的背景下，农业比较效益低。从1978~2011年的33年间，全省粮食总产量增加了93.0%，粮食单产只提高了65.7%。2013年每亩单产约288公斤，每亩粮食的净收益约为110~130元，按目前人均粮食作物面积计算，每个农民每季的粮食净收益只有150~180元，只相当于外出打工1.5~2天的收益。粮食种植面积大、比较效益低导致农民投资农业节水技术的积极性低，农业经营粗放，耗水严重。

二是水稻水旱比例不合理。在2009年至2012年，由于干旱，云南300万亩水稻改种其他耐旱作物，但2013年大部分又改种水稻。目前，水稻播种面积约为800万亩。从总的比例看，水稻种植比例仅为常用耕地的12.5%左右，比例总体合理。但笔者要谈的不是水稻与其他作物的比例，而是水稻种植的水旱结构。从目前来看，长期浸泡种植的水稻一亩一季用水600至700立方，而旱稻与普通耐旱作物种植耗水相差不大，一季约200立方左右。目前，云南旱稻主要在西双版纳、德宏、普洱及大理的少数地区栽种，据笔者估计，全省旱稻面积不足50万亩，仅占水稻播种面积的6%左右。水稻水旱比例不合理，是导致云南农业耗水严重的主要原因。如我们以750万亩水稻、650方/亩/季计算，一季耗水达到48.75亿立方米，占全省全年农业耗水的一半左右。从这个角度讲，如果云南水稻种植结构不调整，农业耗水仍然将是导致云南农村干旱的主要原因之一。

（四）抗旱补助机制不完善

目前来看，云南农业抗旱补助机制仍然不完善，具体体现在两个方面。

一是抗旱激励机制侧重水利方面，而忽略了农业生产方面。目前，云南省抗旱激励机制主要从水利、民政的角度来建立，而没有从农业生产的角度来建立。如2014年4月中下旬至5月底，昆明市石林县、晋宁县高温无雨，许多山地玉米都旱死，需要补种，但农民的农业生产成本增加却无人分担。目前，全省尚没有建立农业生产方面的抗旱激励机制,致使农民在干旱中生产成本增加。同时,如果农民因缺少成本而导致种植活动推迟,对农作物收成的影响将扩大,最终对粮食安全造成负面影响。在干旱成为一种常态化的趋势下,应当从农业抗旱的角度出发,尽快出台农业抗旱激励机制。

二是农业抗旱设备购置补贴机制不完善。在抗旱设备激励方面,2000年底,农业部发通知强调,各地要抓紧做好实施2011年农机购置补贴政策的各项准备工作,将水泵(离心泵、潜水泵等)、喷灌机械设备(喷灌机、微灌设备等)等抗旱机具纳入农机购置补贴范围,支持农民购买。确保在最短时间内把补贴政策落实到位、机具购买落实到位,努力增加抗旱机具数量,提高农业抗灾救灾物质装备水平。农业部2011年2月14日向旱灾严重的冬小麦主产区河北、山西、江苏、安徽、山东、河南、陕西、甘肃等8省农机化主管部门发出通知,要求抓紧开展抗旱农业机械购置补贴的各项工作。湖南省2013年将小型潜水泵($0.75kW \leq$功率$<3kW$)纳入农机补贴范围,单台补贴额150元。安徽省2013年将离心泵、潜水泵、喷灌机等纳入农机补贴范围。云南省在2010年、2011年、2012年大旱时期,部分州市曾经把抽水泵等纳入农机补贴,但干旱不严重的2013年就不再纳入补贴。

四、提高农业抗旱能力的思考
(一)设立农业抗旱专项基金

鉴于干旱对云南农村经济尤其是农业生产的影响较大,应尽快设立农业抗旱专项基金或划拨农业抗旱专项资金。由于云南是一个农业大省,因此应当从省财政划拨出一定规模的资金,用于农业干旱治理。从云南农业受旱范围广的现实出发,资金规模应当在5至10个亿。基金建立的目的应当不局限于提高农业抗旱能力,还应当起到促进云南干旱区农业发展的作用。一方面,可以从农业发展的角度,在农口增设农业抗旱专项基金,以应对干旱对农业的影响。另一方面,可以从抗旱资金中切出一块,用于农业抗旱。农业抗旱资金的应用方向包括三个方面。

一是用于农业抗旱技术推广,用来补助农民更新或使用节水灌溉技术、采用低耗水栽培技术。如宾川县正在试验的节水高效农业,改变了传统的葡萄种植株数和株距。使一亩田的葡萄种植数从上千棵降到几百棵再到几十棵,加上滴灌技术的实施,大大降低了农业生产用水。二是用于农业结构调整,用来奖励干旱区农民选择耐旱品种和耐旱作物、低耗水作物,如通过农资部门对农民购买部分耐旱品种给予适当补助。三是农业应急抗旱,用来补助或激励大旱时期农民在农业上的抗旱行为,如补助农民购买"旱地龙"等生物制剂,补贴农民因旱补种,补助农民干旱时期农田水井或水池修建。并将这一补助措施应用到集体抗旱基础设施修建中,如村小组打深水井等。

(二) 建立农业抗旱支撑体系

一是建立农业干旱管理体系。针对干旱对云南农业的影响,应当在农业部门下设立独立的农业干旱管理体系。农业干旱管理体系不仅包括现有的农业灾情统计,还应当包括更多的内容,涉及耐旱品种种植范围统计、农田抛荒情况等。同时,还应当尽快建立云南农业干旱基础数据库,对全省各地干旱发生情况进行统计,并准确掌握各地干旱发生率、抗旱成本、农业损失情况,为全省农业抗旱提供基础支撑。

二是建立农业抗旱成本分担机制。借鉴种粮补贴机制,尽快在云南建立干旱区农业生产成本分担机制。抗旱成本分担机制建立的目的是缓解干旱区农业生产成本较高的问题,提高农民从事农业的生产积极性。一方面应当像种粮补贴一样,对云南长期干旱的区域给予抗旱补助,如对长年干旱的宾川、元谋,给予农民每亩每年一定金额的抗旱补助。

另一方面,要建立社会分担农业抗旱成本的机制。最简单的办法是建立农业干旱保险,这样可降低民政救灾的成本。当然,最基础的办法是得到国家的支持,建立干旱期间农产品特殊保护价制度,提高农产品价格,这样,消费者将与生产者共同承担抗旱成本。

(三) 创新干旱区农业发展机制

一是发展低耗水作物,降低农业用水。调整同一种类农作物种植结构,降低农业生产耗水。上文提到的水稻是最典型代表,如果旱稻播种面积和比例能够提高,那么云南农业用水将大大降低。而其他作物也同样存在这样的问题,如果我们能够培育出耐旱的玉米,用来替代目前耐旱能力低的玉米品种,玉米播种面积达到3000多万亩的农业生产用水将大大降低,云南农业干旱的发生率将大大降低。

二是加大精品农业培育力度,提高农民的抗旱积极性。精品农业培育是提高农业比较效益,进而提高农民抗旱积极性的必然要求。从目前云南精品农业比重低,农民抗旱积极性不足的现实出发,要提高农业抗旱能力,必须走精品农业之路。一方面,调整种植结构,大力发展高附加值的花卉、蔬菜、水果、中药材种植,提高经济作物种植的比重。另一方面,根据云南气候变化及各地的小气候环境,发展具有云南特色的高附加值农产品,如高山荞麦及深加工,提高农民的种植效益及抗旱积极性。

(四) 完善农业抗旱激励机制

一是完善农业抗旱激励机制。针对目前农业抗旱激励机制主要来自于水利的现实,尽快从农业的角度出发,建立农业抗旱激励机制。农业抗旱激励机制的运行可采取两种方式:一种是常态化的农业抗旱激励机制。这种机制针对的是云南传统的少雨区,即常年干旱的区域。这种机制建立的目的是鼓励广大干旱区农民长期从事农业生产,需要配合干旱区农业发展机制创新来推进。另一种是临时性的农业抗旱激励机制。这种机制针对的是传统的多雨区、极多雨区,当这些地区出现干旱时,应当对农民继续从事农业给予经济上的补助,鼓励他们坚守农业,而不是进城打工。

二是完善农业抗旱设备激励机制。在云南农村干旱常态化的背景下,尽快将大旱时期临时性的抗旱农机补助政策上升为长期性政策,建立省级农机补贴机制,把购置抗旱用的水泵、储运设施等纳入农机购置补贴范围,提高农民抗旱积极性。

总之,农业耗水量大是导致云南农村干旱,甚至是全省干旱的主要原因。而农业又是国民经济中的基础性产业,无农不稳的基本规律要求我们即使在大旱时期也不能放弃农业。在这样的背景下,加强节水型农业建设,提高农业抗旱能力无疑是云南农业发展的唯一出路。也正因为不能放弃农业,所以我们要从两大方面来加强农业干旱治理。一是农业干旱治理的支撑体系建设。这是站在农业之外来探讨农业干旱治理问题,强调的是应对农业干旱的软件支撑体系建设,包括干旱信息收集、处理,干旱情况分析等,以及农业干旱管理。同时,建立干旱区农业发展的财政支撑体系,包括建立向干旱区倾斜的水利建设资金投入机制、建立干旱区农业发展的常态化激励机制等。二是干旱区农业发展机制创新。这是从农业发展本身作出的思考，要求我们调整农业发展战略及思路，通过调整种植结构，推广节水灌溉技术、节水耕作技术，发展高附加值的精品农业等，一方面降低农业生产用水需求，另一方面，提高农业的经济效益，进而提高农民在农业方面的抗旱积极性。

第七章 森林生态建设与干旱治理

严重的干旱对生态环境破坏性较大,如长期干旱导致部分地区石漠化、沙漠化,这将是人类无可挽回的生态灾难。对云南来说,目前干旱还没有严重到出现沙漠化的境地,但加剧石漠化及石漠化治理的难度毋庸质疑,石漠化进一步发展,也可能出现沙漠化。而干旱最直接的影响是对水生态环境的影响,长期干旱将导致部分河流断流,一些云南特有渔业资源消失,河流周围生态平衡被打破。此外,严重干旱将增加森林火灾发生的风险,导致部分树木枯死,打破森林生态系统的平衡,进而降低森林保水功能,反过来增加干旱发生的风险。因此,一个良好的生态系统能够增强抗旱的生态基础,提高抗旱能力。本章不刻意探讨干旱对生态的破坏作用,而是从生态建设提高抗旱能力的角度来探讨生态与干旱治理。鉴于森林生态系统在水资源储存方面的强大功能,本章重点探讨森林生态系统建设与干旱治理的内在逻辑。

一、森林生态建设与抗旱能力建设

云南是一个林业大省,全省林业用地面积达 3.71 亿亩,居全国第 2 位;森林面积 2.73 亿亩,居全国第 3 位;活立木总蓄积量 17.12 亿立方米,居全国第 2 位。森林基于自身在气候调节、水土保持方面的强大功能,在云南农村干旱治理中具有十分重要的作用。

(一) 森林具有强大的保水功能

森林素有"绿色水库"之称,其涵养水源能力取决于林分面积、结构,以及林地结构特征。森林能够改变降水分配,从林冠层、各层乔木及灌木草本层,枯枝落叶、死地被层,林地土壤层等通过截留、吸收和蓄积，涵养大量降水。① 森林能保护土壤，防止水土流失，调节径流。② 秦钟、周兆德在研究中发现，森林虽然不可能改变由大气环流所决定的地区降水总格局，但它确实对降水的形成有一定的促进作用。其机制是：第一，大面积的森林植被产生的水汽多，可促进空气中的水汽饱和，对天气过程有触发作用；水汽在有利天气形势下凝结释放出热量，使空气的上升运动加强，促进成云致雨。第二，森林大量蒸腾消耗水分，需要热量较多，因而森林上空不但气温较低、湿度大，且容易形成一股湿润的冷气团，造成下降气流并增加大气压力，促进水汽凝结和雨水降落。③ 森林具有很大的综合贮水能力。据测算，营造3333公顷的森林就等于修建一座100万立方米的水库。④ 过去，人们常说：森林不能代替水利；今天，有必要补充说：水利不能代替林业。⑤ 治水之本在治山，治山之道在兴林。⑥ 按照学者所说的3333公顷森林等于100万立方的水库计算，云南2.73亿亩森林相当于5460个100万立方米的水库，总库容达到54.6亿立方米。而2000年到2011年12年云南全省库塘蓄水平均为69.13亿立方，森林能够容纳的水资源达到全省库塘蓄水的78.98%，从中可以看出，森林对于干旱治理具有极其重要的作用，森林是天然的水资源存储器，能够提高水资源的天然储蓄率。

森林在云南农村水土保持中发挥着重要的作用。根据我国第一次水利普查资料显示，2011年云南水力侵蚀总面积109588平方公里，其中：轻度侵蚀44876平方公里，占

---

① 秦钟、周兆德：《森林与水资源的可持续利用》，《热带农业科学》，2011年第3期。
② 张晓静：《治水之本在于造林》，《林业经济问题》，2000年第2期。
③ 秦钟、周兆德：《森林与水资源的可持续利用》，《热带农业科学》，2011年第3期。
④ 张晓静：《治水之本在于造林》，《林业经济问题》，2000年第2期。
⑤ 高伯发、蒋红星：《森林与水，一个引人深思的话题》，《中国林业》，1998年第11期。
⑥ 高伯发、蒋红星：《森林与水，一个引人深思的话题》，《中国林业》，1998年第11期。

40.95%；中度侵蚀 34764 平方公里，占 31.72%；强烈侵蚀 15860 平方公里，占 14.47%；极强烈侵蚀 8963 平方公里，占 8.18%；剧烈侵蚀 5125 平方公里，占 4.68%。当年云南水土保持 71816.1 平方公里，其中：工程措施水土保持面积 10126.2 平方公里，占 14.1%；植物措施水土保持面积 61544.6 平方公里，约占 85.70%；其他措施水土保持面积 145.3 平方公里，约占 0.2%。占 85.70% 的植物措施主要以森林为主，从中可以看出森林在云南农村水土保持中的分量。

进一步讲，如果一个地区森林覆盖率高，森林生态系统完好，能够调节当地的水资源平衡，起到防风固土的作用，最终提高这个地区抵御干旱的能力。

（二）森林结构不合理将降低其保水能力

森林生态系统具有强大的保水能力，但并不是所有类型森林系统都具有较强的保水能力。从蓄水和保持水土角度说，幼龄林表现为负效应，成熟林表现为正效应。[1] 一般而言，天然林的蓄水能力强。[2] 也就是说，森林生态系统的保水能力与构成森林系统的林木年龄结构、人工林比重的大小有较强的关系。森林系统幼龄林木比重大，保水能力弱；反之，成熟林比重大，保水能力强。原因很简单，幼龄林生长过程中对水分的需求高于成熟林维持生长所需，幼龄林生长还要消耗大量的水资源，所以，保水能力不如成熟林。同时，天然林是按照森林生态系统的平衡规律而自主形成的，遵守了生态平衡规律，对水分的利用、保持遵守了一种天然的平衡原理，因此，保水能力高于人工林。人工林之所以保水能力不如天然林，是因为人工林已经改变了森林生态系统的水资源平衡状况。

此外，森林生态系统中林木结构对保水功能的影响也较

---

[1] 高伯发、蒋红星：《森林与水，一个引人深思的话题》，《中国林业》，1998 年第 11 期。

[2] 高伯发、蒋红星：《森林与水，一个引人深思的话题》，《中国林业》，1998 年第 11 期。

大，可以从两个方面来分析。一是林木生长速度。一般来说，生长速度快的林木保水能力弱于生长速度慢的林木。如桉树生长速度快，耗水多，保水能力弱于其他生长速度慢的树种。但也有特殊，生长在水源地的"水冬瓜树"①，不仅生长速度快，而且保水能力较强。二是林木的高低。一般来说，低矮的灌木保水能力弱于其他高的树种。但也有一些特殊，如桉树、橡胶，树种都很高，但保水能力弱。

从中可以看出，如果森林结构不合理，林龄结构不合理，幼龄林所占比重大；天然林遭到破坏，人工林所占比重大；林木高矮结构不合理，灌木林比重大，森林的保水能力就差。如果云南省林龄结构不合理，天然林破坏严重，那么，这个地区森林绿色水库的功能难以正常发挥。由于森林储水能力下降，必将降低云南抵御干旱的能力。

二、森林生态建设实践

为发挥森林天然水库对水资源的调节作用，提高水资源的天然存蓄率，2012年，《云南省人民政府关于加快森林云南建设构建西南生态安全屏障的意见》（云政发〔2012〕71号）提出，到2015年，实施新造林3000万亩以上，完成陡坡地生态治理400万亩，改造中低产林2000万亩，森林覆盖率达到55%以上，森林蓄积量达到17亿立方米以上，森林生态系统服务功能价值达到15500亿元/年以上。2013年，全省全年林业投入62.6亿元，比2012年增加7.31亿元，增长13.2%。其中，中央投资45.97亿元，省级投资16.64亿元。筹集资金49.8亿元，支持开展了天然林保护、退耕还林、陡坡地生态治理、森林生态效益补偿、森林抚育、经济林建设、森林防火等林业生态保护工作。深入推进"七彩云南保护行动计划"和"森林云南"建设，全省全年完成造林850万亩，其中人工造林656万亩，新封山育林194万亩。新增木本油料基地

---

① 又名赤杨树、水青冈。

257万亩,其中核桃205.5万亩,油茶等其他油料51.5万亩。低效林改造402万亩,陡坡地治理80万亩。义务植树10800万株;育苗48261亩,78943万株;抚育222万亩。森林云南建设已经成为云南农村提高森林水资源存蓄能力,进而提高农村干旱治理能力的生态工程。目前,云南森林生态建设的主要措施有以下几个方面。

(一) 建立生态补偿机制,维护森林生态系统

云南3.71亿亩的林业用地蕴藏着巨大的经济潜力和资源优势。如2011年,全省完成营造林1060万亩,实现林业产值670亿元,同比增长16.5%。林业企业超过1万户,其中省级龙头企业比2010年增加58户、产值增加52.4亿元。近年来,在国家主体功能区划分中,云南被划为生态功能区。在这样的背景下,云南进一步加大了天然林、防护林、商品林三大种类的林业建设。天然林建设,主要是为了尊重森林生长的自然规律,在禁止砍伐的基础上,让山林自己发育。防护林建设,主要是为了保持六大水系周边区域的水土,减少水土流失,避免六大水系下游因此而发生的洪涝灾害。商品林建设,主要是通过栽种适宜的经济林、经济林果,建立起一种利益导向机制,引导农民种植林木,提高森林覆盖率,一般情况下,商品林建设与林权制度改革、退耕还林一起推进。在加强生态建设中,云南主要从建立生态补偿机制和退耕还林入手,加大生态建设力度。

2011年,云南将全省1.78亿亩国家级和省级公益林全部纳入生态效益补偿或天保工程森林管护补助范围,并将省级公益林补偿标准由每亩5元提高到10元,达到国家标准,省级以上公益林实现了同等标准补偿和管护补助全覆盖。森林火灾保险试点由昆明等5州市扩大到15州市,投保林地面积达3.26亿亩,涉及林业经营者820万户。云南全省对维护森林生态功能的林农的补助进一步提高。

同时,云南在全省推进以退耕还林为核心的生态建设措施,实施坡度25度以上的山地退耕还林政策。退耕还林有几种情况：第一种情况，退耕后种上茶树或其他经济林果；第二种情况，退耕后耕地变成山地，不再由村民管理，所有权也由原来的集体所有变为国有，如被划入自然保护区；第三种情况，通过生态移民将原来居住在山区的村民，集中搬迁到一个新的地方，原来耕地自然退出耕作。对于前两种情况，在执行退耕还林政策时，政府会对种植这片坡地的农户给予粮食补助，补助期限5年到8年。每亩一般补助300斤粮食。近年，一些地方采取直接补助资金的方式，每亩补助300元。而第三种情况，退耕后就不再有任何补助。

通过生态补偿和退耕还林政策的实施，一方面分担了农民建设森林生态的成本，激发了农民建设森林生态的积极性。另一方面，也通过生态补偿和退耕还林政策的实施，弥补了部分林农因生态建设而导致的经济损失。在两种政策的推动下，云南森林覆盖率不断提高，森林保水功能不断增强。

（二）推进集体林权制度改革，调动林农森林建设积极性

伴随着山林建设，2006年云南开始了新一轮集体林权制度改革。云南集体林地1942万公顷，占林业用地面积的80%，集体商品林地又占集体林地的83%，是全国重点林区和林业用地最多的省份之一。2006年9月，中共云南省委、云南省政府出台了《关于深化集体林权制度改革的决定》，确定集体林权改革的范围包括非天保工程区的集体商品林木、林地及宜林荒山、荒地，天保工程区的集体人工商品林木及宜林荒山、荒地等。并明确了集体林权改革需要做的四项重点工作，明确林木林地所有权或使用权、放活林地经营权、落实林木处置权、保障业主收益权，以"四权"为核心，以试点推进的方式，2006年启动了罗平、屏边、砚山、景谷、永平等9个试点县改革。2007年，围绕"山有其主，主有其权，权有其责，责有其利"等改革目标，集体林权制度改革在全省范围内全面铺开。截至2009年9月30日，云南省集体林权制度主体改革完成确权面积25643.2万亩，占全省集体林面积的93.2%；发放林权证471.07万本，发证1055.53万宗林地；

发证面积24840.19万亩，占全省集体林面积的90.3%，占已确权面积的96.9%。

林权制度改革前，云南生态越好的地方，农民往往越穷。原因主要是：一是砍伐指标的限制，林农不能无限制地砍伐木材；二是利益分配机制不公平。在经营过程中没有建立紧密的农企、农商利益联结机制，农民享受不到加工、流通环节的增值效益。农民所获得的收益，仅只是林木种植的收益。在云南这样一个山区大省，交通滞后，木材运输成本高，农民从山间将林木运到山下来卖，其收益更低。因此，林农建设山林的积极性低。要激发林农投入山林建设的积极性，关键是构建一种公平的利益分配机制，确立利益导向机制，引导林农参与山林建设。云南新一轮林权制度改革的核心，就是把生态效益、经济效益、社会效益统一起来，实现"生态建设产业化、产业发展生态化"，让广大林农分享加工、流通环节所带来的林产品增值效益，初步建立起林农建设山林的利益导向机制，自觉、自愿地加入到山林建设中来。通过林权制度改革，云南基本实现了"山定主、树定根、人定心"，林农建设山林可获益的利益导向机制初步建立，广大林农投资林业种植的信心得到了提高。

可以说，云南农村森林生态系统的建设和维护离不开农民，只有让农民成为自觉主体，调动农民的积极性，森林生态系统的建设和维护才找到了源源不断的动力。云南集体林权制度改革建立了林农建设山林、维护山林的利益保障机制，建立了一种全新的林业生产利益分配机制，能够极大地调动林农的积极性，对云南森林生态建设具有重要的推动作用。

（三）推广新能源，减少农民生活对森林的破坏

在建设生态的同时，云南积极推进新能源进村，以减少农民生活需要对森林生态系统的破坏。在日常生活中，农民要做饭、烧水、煮猪食等。传统上，云南的山区主要以烧柴来完成。一个四口之家，一个月至少需要300公斤以上的木柴，灌木砍完，农民就会砍树。如果这一局面得不到改变，森林建设的成果也将受到影响,甚至会出现种树没有砍树快的局面。基于建设与减少破坏同时推进的考虑,云南在农村大力推进新能源进村,以减少对山林的破坏。目前,太阳能、沼气是新能源进村的主要体现。从投入的人力、物力看,沼气建设是重点。每年都投入较大的人力、物力发展农村沼气。并对沼气建设户提供 1500 元以上的物资或资金补助。沼气池建设完,由能源站组织技术人员对沼气户进行使用培训,并提供跟踪服务。沼气进村入户,改变了农民传统的用能结构。沼气户可用沼气来做饭、烧水,每年基本不用再砍柴。目前为止,云南农村户用沼气保有量已经达到 300 万口,涉及人口 1000 多万。

在沼气进村的同时,云南部分县市建立了太阳能进村补助政策,如开远市对农户购买太阳能装置给予 500 元的补助。如今,云南从滇东到滇西,从滇南到北部,农村太阳能使用都很普遍。太阳能的使用使农民不用再烧柴烧水,大大降低了木柴的用量和对山林的砍伐。

(四) 加强森林生态修复

在季节性、区域性干旱常态化的形势面前,以及森林经济效益的驱动下,云南森林生态系统遭受破坏严重。因此,云南从两方面加大森林生态修复力度:一是加大植树造林力度。面对干旱,云南进一步加大了植树造林的力度,以期通过植树造林来保持水土,涵养水源。如在 2011 年的前 10 个月,全省就完成营造林 750.3 万亩,超额完成年初确定的 650 万亩年度目标任务,全年完成营造林 900 万亩。

二是加大水源林保护力度。面对干旱,云南各地以村庄为基础,进一步加大了水源林保护力度。这一实践在少数民族地区最为典型。在云南的很多少数民族村寨,都有与宗教相关的神山、神林。神山、神林往往也是村庄的水源林,各少数民族村寨利用与宗教信仰相关的习惯法,来约束村民对神山、神林的破坏。在习惯法的约束下,各少数民族村寨的村民自觉保护神山、神林,涵养水源。这些做法在干旱频繁的云南农村,已经成为村庄建设生态、涵养水源的典型实践。如滇东南一带彝族村寨的"密枝林"①、西双版纳州傣族的"垄山"。彝族群众把"密枝林"当作神林，在大炼钢铁时，仍然保护得非常完好。"密枝林"不允许放牧，禁止砍伐。目前，滇东南一带彝族村寨的"密枝林"大部分已经成为村寨的水源林。傣族非常崇拜水，并像保护生命一样保护水资源，寨神林、勐神林不仅被视为祖先神灵居住的家园，而且视为水源林，世代传承，不准砍伐。② 20 世纪 80 年代橡胶大面积种植之前，傣族家家户户都种植铁刀木和竹子用来做烧柴和建房用，减轻日常生活对森林生态系统的破坏，通过减少破坏来保护生态涵养水源。同时，每一个傣族村寨都有自己的寨神，寨神的祭坛设置在森林里，禁林所在的山被称为"垄山"，"垄山"被当作是傣族的神山，禁止一切砍伐、放牧等，借助宗教信仰，对森林进行了保护，从而涵养了水源。

少数民族在保护山林、保护水质等方面的经验也值得我们进一步研究。如哈尼族农民从高山引水，利用"山有多高、水有多高"的自然优势，或凿山为沟，引水开渠，或架设涧槽，数里不绝，把高山丛林中的泉水顺山势，蜿蜒导入沟渠，流入梯田。③ 墨江的哈尼族村寨，村民不能在村寨饮用水的水井边打水洗脚，更不能在水井周围大小便，狗不能在水井边洗澡，据说狗在水井边洗澡后水潭、水井会干枯，从此不会出水。④

目前，云南已初步形成了天然林、防护林、商品林三大种类的森林建设格局。伴随着集体林权制度改革的推进，林农发展和保护山林的利益导向机制初步建立。以退耕还林为主要措施的生态建设措施及新能源进村，以新能源来替代薪柴，减少了农村群众对森林生态系统的破坏，改善了森林生态系统。而

---

① 彝族村寨集体活动和祭祀的地方。
② 高立士：《傣族的水崇拜与水文化》，《版纳》，2006 年第 3 期。
③ 林艺：《云南少数民族水文化与生态旅游》，《经济问题探索》，2006 年第 4 期。
④ 郭家骥：《西双版纳傣族的水信仰、水崇拜、水知识及相关用水习俗研究》，《贵州民族研究》，2009 年第 3 期。

加强森林生态修复，植树造林，保护神山、神林来涵养水源，也是主动建设森林生态系统的典型实践。云南在森林生态建设上强调建设与减少破坏并重的发展思路，一方面能够有意识地建设农村重点森林生态区域；另一方面，能够有意识地减少人类对森林生态环境的破坏。两方面的工作，能够提高森林的保水、保土能力，使森林成为云南抗击干旱的天然水资源屏障，提高全省农村干旱治理能力。

三、森林生态系统建设存在的问题①

（一）干旱时期森林经营理念落后

一是森林建设思想落后。面对干旱，云南加快森林生态功能的建设与修复，但效果不明显，主要体现在干旱时期植树造林结果不理想，如2009年到2011年间三分之一以上新植林木因干旱需要补植。干旱还加剧了云南森林自然损耗，降低了抵御干旱的能力。这些现象说明干旱时期云南森林生态建设与干旱治理协调发展难度大；另一方面反映出云南在森林建设上的指导思想落后，仍然停留在任何时间段都要实现协调发展的落后观念上，这种观念导致大旱之年森林建设成本增加，却效果极差。同时，当前云南在指导森林生态建设与干旱治理上的思想还停留在建设的协调方面。

二是干旱时期森林采伐限额指标增长及分配不合理。森林采伐限额指标是国家根据森林生长的一般规律及地区性经济社会发展需要而制定的对森林进行开发利用计划。计划标明了每个地区在特定的时间内对森林进行采伐的数量。国家制定森林采伐限额指标的目的是加强对森林的合理开发利用，实现森林与人类的协调发展。但在云南干旱形势严峻的背景下，森林采

---

① 笔者参与了云南省社会科学院郑晓云研究员主持的"提高全省性抵御干旱能力的长效机制研究"，以主要执笔人完成《冻结森林采伐是抗旱的当务之急》的咨询报告，写作过程中，郑晓云研究员及课题组的其他成员对如何通过优化年森林采伐限额指标来促进长期性的干旱治理提出了宝贵的意见。本部分采纳了咨询报告的部分内容。

伐指标存在一些不合理的地方。一方面，云南省各地年森林采伐限额指标在近十年来增长过快，"十五"到"十二五"，云南省年森林采伐限额不断增加，"十一五"全省年森林采伐限额3148.2万立方米，比"十五"期间年森林采伐限额2669.9万立方米增加了478.6万立方米，"十二五"期间年森林采伐限额为3399.1万立方米，比"十一五"期间增加250.9万立方米。结合云南省实际，2011年分解下达的年森林采伐限额总量为3229.14万立方米，其中，按照采伐类型分，主伐1022.1万立方米、抚育采伐892.81万立方米、更新采伐112.36万立方米、其他采伐1201.87万立方米；按照森林类别分，公益林采伐634.03万立方米、商品林采伐2595.11万立方米；按照森林起源分，天然林采伐1945.51万立方米、人工林采伐1283.63万立方米，省级预留年森林采伐限额169.96万立方米。总体上看，21世纪以来，云南干旱形势严峻，尤其是2009年以来。在这样的背景下，森林生态系统建设和修复不理想，但森林采伐限额指标一直在增长，且增幅较大，有增长过快的风险。

另一方面，森林采伐限额指标分配存在不合理的地方。目前，云南森林采伐限额指标主要根据原有的森林面积及林木蓄积量来制定的，按照传统划分，采伐限额指标高的州（市）是雨水充沛，林木生长快，森林覆盖率高的地区。但随着21世纪以来云南降水形势的变化，一些传统的极多雨区、多雨区出现了干旱，在这样的背景下，传统的采伐限额分配机制导致了一些州（市）森林采伐指标过高的问题。"十二五"期间，云南省大部分干旱州（市）年森林采伐限额指标均有所增加，如2009年后连年干旱的文山州，"十二五"期间年森林采伐限额指标为211.2万立方米，与"十一五"期间134.76万立方米相比增加76.44万立方米，增长56.72%；昆明市年森林采伐限额为86.38万立方米，比"十一五"期间年采伐限额62.25万立方米增加了24.13万立方米。只有少数"十一五"期间实现较大增长的州（市）基本持平，如红河州"十一五"

期间年森林采伐限额 181.34 万立方米，比"十五"期间 139.2 万立方米增加了 42.14 亿立方米，"十二五"期间年采伐限额为 180.14 万立方米。

此外，云南森林超伐、偷伐现象严重，对云南森林可持续经营影响较大。目前，云南省森林采伐限额编制程序一般由林业局、林场、厂矿、基层政府等单位，根据合理经营和永续利用的原则，提出年森林采伐限额指标，逐级上报；省林业厅对上报的年采伐限额指标进行汇总、平衡，经省人民政府审核后，报国务院批准。目前，在云南省林产业中，木材产业仍然占据主导地位，随着社会资本参与林业产业的格局逐渐形成，在林业产值迅速增长的背后，普遍存在私营企业超伐现象。同时，一些不法分子及农户偷伐现象也普遍存在，在一些地区还较为严重。

在云南森林采伐过快的背景下，是天然林采伐量较大，人工林比例增加；同时成熟林采伐量大，幼林比例增加，这将导致全省森林结构不合理，森林蓄水功能下降，最终影响到森林的蓄水、保土功能，降低森林抗击干旱的能力。

（二）森林开发无序降低保水功能

一是林产业快速发展降低森林的保水功能。从蓄水和保持水土角度讲，幼龄林表现为负效应，成熟林表现为正效应；天然林的蓄水能力高于人工林。在长年干旱影响下，云南部分州（市）如楚雄、昭通部分林木枯死，新植林木成活率极低；近几年来，林地受灾、报废面积大。加之逐年增长的森林采伐限额指标，部分州（市）出现了"森林长不过砍"的现象，全省林龄结构普遍偏低，保水功能降低。

同时，在云南森林面积和活立木蓄积量增加的背后，是人工林比重的增加。如"十一五"期间云南省林地面积、活立木蓄积和森林覆盖率分别比"十五"增加 700 万亩、1.64 亿立方米和 3.02 个百分点，但其中有较大一部分是核桃、橡胶、桉树等经济林。目前，核桃约有 4000 万亩，以桉树、竹子等为主的速生丰产林基地达到 2000 万亩，人工林比例较大，降低了云南森林生态系统的保水功能。2012年3月7日,云南日报刊登文章《桉树并非云南致旱原因 降雨量少 土地贫瘠地方不适宜种植》,云南林科院研究员张荣贵不认同桉树"抽水机"说法,但同时也指出:桉树工业原料林轮伐期为6至8年,由于它生长迅速,因此在生长期内消耗的水分和营养肯定就多。此外,橡胶也被认为是一种耗水林木。由于种植大量耗水型树种,无疑加剧了近年来云南局部水资源短缺的问题。

二是非木材林产品开发无序,破坏了森林生态系统。随着生态的好转,非木材林产品尤以野生菌为主,逐渐成为云南的一个新兴产业,无论是在出口创汇,还是在农民增收方面,都起着越来越大的作用。但目前云南还没有形成统一的非木材林产品开发标准,具体操作方式也不同。在一些地方,由于山林不属于自己,一些村民疯狂地采伐。在野生菌生长的季节,为了能够找到如块菌(松露)一样名贵的菌子,一些村民可谓想尽办法,掘地三尺。不仅破坏了野生菌生长的环境,还影响到树木的生长。在滇西北地区,当地群众为种植羊肚菌,需要砍伐白杨树[①],将砍来的白杨树埋在土里,任其长出菌子来,一些村民只要是白杨树,粗如手指的就砍,砍后还不注意恢复。只要随便插在那,有水就能生根发芽的白杨树,在一些地方都快看不见了。很明显,这样过度的开发,必然会影响到森林生态系统。也正因为如此,非木材林产品在为农民增收带来希望的同时,也对云南森林生态建设提出了新的挑战,如不尽快加以规范,必然对森林生态系统产生破坏并降低森林保水、保土能力。

(三)林农生态建设负担仍然重

当前,根据国家的划分,云南属于重点生态公益林区,60%左右的林区被划为公益林区,只有不足40%的林区属于商品林区。公益林区又分为重点公益林区和一般公益林区,重点公益林区占总林区的四分之一,实行禁伐政策。一般公益林

---

① 当地群众称之为白杨树,是否是日常所说的白杨树笔者没有考证过。

区限伐，商品林区根据林木生长情况以及政府的审批，可以采伐。重点公益林区的保护，林农基本上就无法获得相应的收益，只有10元每亩一年的补助。一般公益林区，实行限伐，采伐比较困难，需要严格的审批，一般林农很难获得采伐指标，采伐指标更多由林业公司获得，林农在限伐区，基本上没有收益。按理说，商品林区是林农获得收益最多的地方，但现实是，木材生长周期长，采伐要遵照林木生长的规律，不能一次性全部采伐，需要实行有计划的采伐制度。林农在采伐中，需要投入大量的时间、人力，采伐和销售环节仍然需要大笔的费用。虽然林权制度改革顺利推进，林农在集体林中的收益权得到了保障，但林权改革的一个基点是集体林的经营权落实到户，林农以单户面对整个林产业，更多的情况下，仍然是林农辛辛苦苦将树木养大，收入没有木材公司高，也没有木材商从中获取的利润高。从禁伐、限伐、到有计划的砍伐，说明国家政策对林农从林业上获得收益设置了重重障碍，目的是保护森林生态。同时也说明林农在森林生态系统的维护和建设中责任重、付出多，但收益低。

云南林农责任重、收益低的现实，也反映了云南森林生态建设成本的负担状况。最主要的原因是森林生态建设的成本由地方和农民承担，国家投入还不足。作为地方政府，云南所能提供的资源是有限的，给予林农的生态补偿建设金少是正常的。在这样的背景下，如何调动林农的积极性是云南森林生态建设面临的一大难题。因为从道义上讲，我们没有理由让林农为生态建设全身心地付出，保持森林生态系统最优的状态，使其产生最大的生态效益，为云南、为国家，甚至为六大水系流经的所有国家和地区做贡献，却只给他们较少的回报。可以说，正是收益与付出不成正比，极大地影响了林农投身林业建设的积极性。担子重、收益低，成为云南森林生态建设面临的最大挑战。

同时，退耕还林补助低，限时补助政策太过简单。目前，云南在森林生态建设方面，采取的主要措施是退耕还林，而在执行退耕还林政策时，仅有一部分群众在原来耕种的土地上种上了经济林果，大部分群众在退耕后，种上的是林木，林木要产生效益，需要较长的一段时间。在这样的背景下，退耕还林中的粮食或现金补助措施，由于受到资源的限制，补助才200至300元每亩不算，还不可能长期补助下去。这就提出一个问题，补助停发到农民退耕种树获得收益这段时间，农民原来从补助获得的收益到哪去找。如果农民没有找到弥补这一收益的措施和方法，农民的收入将降低，生活水平将受到影响。在一些山区，由于没有水田，一户农户的山地如果较大部分退耕还林，农民的生计将出现问题。

也就是说，目前"退耕还林"政策中的限时补助政策，从5年到8年不等的补助期限，值得进一步研究。目前，一般情况下，经济林补助期为5年，而其他非经济林补助为8年。按照林木生长的周期，林果类的在5年后可以产生效益，但非林果类的经济林5年还不可能成为用材林，不可能为群众带来收益。在这样的背景下，给予这种类型的退耕还林补助期延长的待遇，可能可以解决这一挑战。

四、完善森林生态系统建设的思考
（一）调整干旱时期森林建设战略

一是确立森林生态建设与经济社会发展长期平衡战略。针对干旱时期森林生态系统建设效果差的现实，应尽快调整森林生态建设战略。云南农村干旱治理与森林生态之间的协调发展应当是一种长期的平衡，而不应该是短期或每时每刻的平衡。从长期平衡的指导思想出发，应当在水资源充沛的年份大力开展以植树造林为核心的森林生态建设。而在干旱严重的年份，采取以保护为主的被动措施。

事实上，干旱治理与森林生态的协调发展可以通过多方面来实现。大旱时期，可优先发展水利，而通过减少森林生态破坏来提高森林生态与干旱治理之间的协调性。因为在干旱时期要实现森林生态与干旱治理平行发展的成本大、效果差；但如果能够在大旱时期遏制住森林生态恶化，也能够促进森林生态系统与干旱治理的协调发展。虽然遏制破坏是森林生态建设的消极措施，但是，这种消极措施在大旱时期，无疑是现实可取的措施。

二是优化森林采伐限额指标。针对林龄结构不合理导致森林保水功能下降的问题，适时调整森林采伐限额指标分配机制，一方面，应对各州（市）降雨量、森林生态系统进行重新评估，在此基础上，适时减少干旱连续发生的州（市）、县（市、区）森林采伐限额指标；另一方面，调整采伐林木标准，加大对速生丰产林的采伐量，降低天然林采伐量。如在连年干旱时期，在全省范围内取消森林采伐主伐（对成熟林或部分成熟林木进行采伐的总称）限额指标，因为持续干旱时期植树造林的成效不大；同时，林木生长受到影响。因此，要充分发挥森林涵养水源的功能，必须保住成熟林木。所以，一方面为了缓解持续干旱对森林生长造成的破坏，另一方面是为了充分发挥森林涵养水源的功能，连续干旱时期应停止主伐，只进行抚育采伐①和更新采伐。对于普通林农，在持续干旱时期，除了农村居民红白喜事需要砍伐外，停止发放采伐证。通过两方面的措施，减少对天然林、成熟林的采伐，改善森林结构，提高森林保水功能。

（二）进一步规范森林开发秩序

一是实施人工天然林培育战略。针对林产业快速发展，尤其是速生丰产林快速生长过程中对水分需求大，并由此导致全省森林结构人工林比例偏大，森林保水功能下降的问题，应适时调整森林经营理念。树立生态第一，经济第二的森林经营理念。在经济林发展中，根据各地传统天然林木分布情况进行规划，人工培育天然苗木，大力发展当地天然树种。在中低产林改造中，树立人工抚育天然林木发展理念，改变传统的以核桃

---

① 也叫"间伐"，从幼林郁闭起到成熟林采伐即主伐前一个龄级止的这一段时间内，在森林中对部分林木进行的采伐。

等林木替换、蚕食天然林的做法。

二是规范非木材林产品开发秩序。从维护森林生态平衡的角度出发，应当制定省级森林开发规范，对依托森林进行野生动物养殖、野生药材采挖、野生菌采集等行为进行规范，禁止对森林进行无休止的过度开发。从现实看，野生动物养殖监管容易，但野生药材采挖和野生菌的采集监管困难。在此，目前云南部分村庄将山林承包到户，以户为单位进行管理的成效较明显，可尝试"包山拾菌、包山采药"等管理方式。通过管理方式创新，将云南省森林开发标准执行下去，改善森林生态系统，提高森林保水、保土能力，进而提高森林对干旱治理的支撑能力。

（三）完善森林建设维护补偿机制

一是争取国家生态建设补偿资金，加大对农民生态建设的补偿。一方面加大退耕还林力度，确保坡度在25度以上山地全部实现退耕还林，配合对经济林种植的补贴，不仅对退耕还林行为给予补偿。并加强监督检查，严管乱垦，过度垦殖；加强退耕还林的督查，严防既拿退耕款，但仍然在耕种现象的发生。通过实施退耕还林政策，补助林业企业、林业大户、普通林农的造林活动。

另一方面，可以通过提高生态补偿来补偿禁止主伐对林业企业、林业大户、普通林农造成的损失。应当借助国家将在西南试点生态补偿制度的契机，争取国家支持，将目前10元每亩的生态公益林补偿提高到40到50元。

二是探索农村生态建设城乡共担，工农共建的体制、机制。云南森林生态建设最大的问题是城乡生态建设处于分割状态。农村生态建设是重点，但负担完全由农民来承担，城市和工业基本不负担。农民因退耕，不能再种植农作物，短短几年的粮食或现金补助过后，农民将永远失去原来长期可以为自己带来收益的耕地。因此，未来发展的重点，应当是改变农村森林生态建设农民、农业负担的局面，建立城乡共担，工农共建的体制、机制。建立这样的体制机制，公共财政向生态建设的倾斜是最重要的途径。同时，对工业发展征收新税种，如生态维护和建设税，可以进行探索和尝试。利用新增税收，加大对森林生态建设的补偿力度，以此来体现生态建设城乡共担、工农共建的理念。

目前，云南农村森林生态建设的效益不仅只是农民享受，城市居民也在享受。对于云南来说，不仅是云南农民在享受生态建设的成果，几大水系的下游也在享受生态建设的成果。但生态建设的负担却以地方政府和农民负担为主。农民本身是一个弱势群体，农业是一个弱质产业，由农民和农业来负担森林生态建设的成本，农民更加弱势，农业更加弱质。农民为主负担森林生态建设成本的能力低。在未来的森林生态建设中，如果这一局面不改变，生态文明建设将成为又一次对农民进行剥夺，对农业进行打击的过程。因此，在云南农村森林生态建设中，首要的一点是改变这一局面，建立城乡一体化的生态建设和发展战略。

三是创新林农、林企补偿机制。探索建立经济林生态补偿机制，在生态公益林之外，积极探索经济林生态补偿机制。如对种100亩经济林，成活管好给予适当的经济奖励，提高经济林种植积极性，进一步提高云南森林覆盖率。

四是探索云南生态受益地区支持体系建设。借鉴目前国际上比较流行的下游GDP转移支付上游生态建设成本的机制，争取中央政府干预，建立云南长江、珠江等，流经省（市/自治区）补偿云南森林生态建设的机制，如流经省（市/自治区）GDP总量的0.5%直接转移给云南省财政，云南省财政将转移收入列为森林生态建设专项经费，进一步加大生态建设的力度。云南农村生态建设的效益城乡共享、全国共享，甚至是世界共享，但毕竟农民才是生存于其中的成员，无论是国家的生态补偿资金，还是城乡、工业支持农村生态建设的资金，都只是外在的因素，只能起到促进作用，农村森林生态建设，最终仍然需要农民来完成。也就是说，农村森林生态建设的主体是农民。在这样的背景下，也只有森林产业发展生态化，使农民在森林生态建设中获得最大的利益，农民成为森林建设主人的步伐才会更加坚实，森林生态建设也才找到了主体。在这样的背景下，利用国家和省的生态补偿资金、城市和工业支持农村的生态建设资金，引导农民走森林生态建设产业化之路，最终形成和提高农民发展森林生态产业的内在动力，云南农村森林生态建设才具有可持续性。

  总之，虽然森林生态建设不像水利基础设施建设那样可以直接发挥效益，但森林生态建设在云南农村干旱治理中发挥着基础性的作用。如果森林生态系统进一步恶化，可能导致全省降雨量减少，由此导致云南水资源量减少，并促使森林生态系统进一步恶化。在这样的背景下，重视森林生态系统建设，充分发挥森林的保水、调节气候功能，提高水资源存蓄率，增加降水，无疑成为云南农村干旱治理的重要内容。而面对经营理念不合理、采伐限额指标不合理、森林结构不合理、生态补偿机制不完善、林农负担重、非木材林产品开发无序等问题，必须尽快调整森林经营战略，从促进人与森林可持续发展的角度出发，改变森林开发中存在的无序问题。而要实现这一目标，必须建立合理的国家、林农、林企利益分配机制，加大林农建设和维护森林生态系统的补偿力度，合理规范林企、少数林农的无序开发行为，实现森林的可持续经营，永续利用。

第八章 研究结论与发现

通过对云南农村干旱治理的系统研究可以看出,农村干旱的发生并非简单的水利问题,而是涉及经济、政治、社会、生态,以及文化在内的社会问题。因此,不能再以传统的抗旱思维来思考干旱问题,而必须从治理的角度出发,确立应对干旱的策略。而干旱治理也不能仅从水利角度来做思考,还必须从农业、森林生态建设等方面作出反应。作为结论章,本章将对研究的发现进行梳理,并从理论的角度出发,提出本项研究的几个关键发现。

一、研究结论
(一) 云南农村干旱治理取得了一些宝贵经验

通过本项研究可以发现,云南在应对季节性、区域性干旱治理的过程中取得了一些值得推广的经验,主要包括以下九个方面。

一是动员全社会参与水利建设与干旱治理。这是治理理念在干旱管理中的具体应用,通过动员全社会参与水利建设与干旱治理,一方面有利于整合不同主体在水利建设与干旱治理中的利益需求,更好地做好水利服务和抗旱服务;另一方面有利于动员和筹集更多的资源投入水利建设与干旱治理。

二是以基础设施建设为突破口来提高干旱治理能力。云南缺水并不缺水资源,缺的是提高水资源利用率的水利基础设施。因此,以水利基础设施建设为突破口抓住了云南农村干旱治理的主要矛盾。通过水利基础设施建设能够调节水资源的时空分布,确保全省农民能够公平、合理地共享丰富的水资源。

三是注重发挥农民的主体作用。透过本项研究可以看出,云南农村干旱治理离不开农民，只有让农民成为自觉主体，调动农民的积极性，干旱治理才有源源不断的动力。政府、企业等主体的参与，能够加快干旱治理的步伐；但没有农民受益主体、决策主体、行动主体作用的发挥，干旱治理将失去服务的对象，与农民需求脱节。同时，在目前资金相对缺乏的背景下，没有农民投资主体作用的发挥，云南农村干旱治理将出现缺少资金的局面。此外，如果没有农民参与维护农村小型水利基础设施，大部分农村水利基础设施将出现无人照管的局面，加速损毁的步伐。因此可以说，云南农村干旱治理成败的关键在于发挥农民的主体作用。

四是始终把饮水安全摆在首要位置。农村群众饮水安全是干旱治理的基本要求，如果农村群众因喝水而出现问题，如难以保证正常的生存、生活需要，生产的发展也再无意义。当农民的生活和生产都受到严重影响时，干旱治理的首要任务是确保群众饮水安全，保障农民群众的正常生活，尤其是保障旱区一些孤寡老人、留守老人、留守儿童等生存、生活需求。云南始终把饮水安全摆在干旱治理的首要位置，是干旱时期保持社会稳定和谐的基本经验。

五是因地制宜推进干旱治理。云南农村干旱具有非常突出的区域性，不同区域、不同人群对干旱治理的需求是不同的。因此，干旱治理必须因地、因人制宜，根据不同区域、不同人群对水利的需求，分类施策，这样才能提供符合农村群众需求的水利服务和抗旱服务。因此，因地制宜推进农村干旱治理是干旱治理取得预期目标的基本要求。

六是加强治理的组织领导。云南农村干旱是广大农民共同面临的季节性、区域性问题，各种力量共同参与水利建设与干旱治理，云南自上而下强化组织领导，促进了各种力量参与的有序化，有利于各种力量的整合，形成合力共同治旱，能够避免各自为政的干旱治理局面的出现。

七是多途径筹措抗旱资金。面对资金短缺的现状，云南各级政府通过多种途径包括金融手段、财政手段，以及政策性手段动员社会各界投入农村水利建设与干旱治理，为干旱治理提供了必要的经济基础，是确保农村干旱治理顺利开展的基本经验之一。

八是合理开发利用水资源。应对干旱，云南各地通过开发利用地下水和雨洪资源，不仅有效地增加了干旱时期的水资源量；而且还实现了水资源的充分利用，提高了水资源利用率。同时，通过城乡定量、定时供应和调配水资源，实现了城乡、区域共同抗旱的局面，是全省干旱治理取得成功的重要经验。

九是加强生态建设，走水资源可持续利用之路。在干旱治理中，云南加强森林生态建设，加大水污染治理，不仅巩固了干旱治理的生态基础，为水资源永续利用创造了条件，而且对解决水质性缺水问题具有重要的推动作用。这一做法是云南农村干旱治理取得成功的基本经验之一。

（二）云南农村干旱治理的方向是城乡一体化

党的十八届三中全会再次强调，要加快城乡一体化发展，促进公共服务均等化。目前，云南水利建设已进入城乡一体化发展新时期。但由于长期以来城乡二元结构的存在，城乡水利发展严重分割。有学者已发现，要破解基层水利改革与发展困境，必须将基层水利发展作为"工业反哺农业、城市支持农村"的重点扶持对象，将统筹城乡水利基础设施和公共服务作为城乡经济社会发展一体化的重要环节。[①] 在城乡一体的经济社会发展格局加速形成背景下，必须正确认识云南城乡一体化水利发展的基本内涵及要求，立足实际，探索云南特色的城乡一体水利发展机制，为广大城乡居民提供均等的水利服务。

城乡一体化水利发展提出的背景是水利建设与发展的城乡二元结构，具体表现在城市完善的水利基础设施与农村落后的水利基础设施之间的反差，城市完善的水利服务体系与农村尚需完善的水利服务体系之间的不均衡。这就提出了一个现实且

---

① 李晶、钏玉秀、李伟：《基层水利改革和发展的困境与对策》，《水利发展研究》，2009年第8期。

紧迫的问题，城乡水利服务的非均衡化发展问题。表面上看是城市经济社会发展比农村快，实际上是城市与农村水利服务供给的不均衡，公共财政投入上的不均衡。由此造成农民无法与城镇居民共享我国水利改革发展的成果，由此提出了城乡水利服务均等化的问题，进而提出城乡一体化水利发展问题。城乡一体化水利发展指的是把城市和农村看作一个整体，统筹考虑城乡水利建设与发展，为城乡居民提供均等的水利服务。具体包括两层含义：一是规划统一；二是建设和发展均等。

规划统一即把城乡看作一个整体，统一规划和考虑水利基础设施、水利投融资、水利服务。建设和发展均等理解起来比较困难，可以从三个层面来理解：一是水利建设资源人均投入上的均等；二是水利建设资源投入上的城乡平均分配；三是服务体系和内容上的均等。从水利建设资源投入讲，由于城市居民居住集中，人均投入所起的作用要比农村高得多，在相同面积上的城市水利投入将远远超过农村，城市居民所拥有的水利公共产品或公共服务要比农村丰富得多、优越得多。从水利建设资源投入上的城乡平均分配来看，目前云南农村人口超过城镇人口，城镇水利建设人均投入水平远高于农村，明显是一种不公平；加之农村人口流动加快，每年有600多万农村人流入城市，城乡之间将形成一种新的不公平。更为重要的是，云南农民居住分散，农村投入将显现出低效益。因此，城乡均等的水利服务是从服务体系和内容来讲的。

从水利服务体系和内容讲，水利服务涉及到城乡居民的生存、生活、生产及发展三个层面；城乡均等的水利服务体系就是建立囊括城乡居民生存、生活、生产及发展需求的水利服务体系，为城乡居民的日常生活和生产活动提供基本保障。在具体建设中，农村建设什么样的水利服务体系还必须从农村的实际出发，探索不同的实现方式。如在供水环节，城市由政府支持下的自来水公司包揽了供水服务，但农村居民居住分散，由公司来运作，水利服务成本将无限扩大。因此，由政府支持，以村庄集体供水比较现实。

从中可以看出，云南城乡一体化水利发展是将城市和农村看作一个整体，统筹考虑水利发展规划，逐步实现城乡水利服务均等化的过程。这种均等不是绝对平均和绝对公平，即不是投入上的平均分配，而是满足城乡居民生存、生活、生产及发展需求上的一种相对均衡。形成城乡一体化水利发展新格局，仍然需要坚持从城市和农村的实际出发，统筹兼顾"效益与公平"，探索多元化的水利服务实现方式。

在强调城乡一体化水利发展时，需要注意几个问题。一是城乡一体化水利发展不等于城市和农村水利建设一样化。水利服务于经济社会的发展，同时，受制于经济社会发展的现实基础。云南城市和农村是两个客观存在的，经济社会各方面存在差异的经济社会实体，客观条件及需求存在差异。城市和农村水利发展的表现形式不可能一样化，盲目追求城市和农村水利一样化，将严重背离城乡水利发展的客观需求和现实。因此，我们谈云南城乡一体化水利发展，为城乡居民提供均等的水利服务，必须从城乡客观实际出发，寻求多种实现方式。换句话说，城乡一体化水利发展不是趋同、求同的过程，而是水利服务体系逐步完善，城乡居民生产、生活需求得到满足，城乡水利服务"等值化"[①]的过程。

二是城乡一体化水利发展不是城市水利服务模式对农村的植入。提到城乡一体化水利发展，有人会认为是把城市水利服务模式向农村延伸。我们知道，城市水利服务模式不一定适应农村的实际，到了农村可能出现水土不服的状况。最典型的是供水服务，城市供水具有高度市场化、高水价的特征，将城市供水模式植入农村，农村居民接受不了高水价的现实。同时，农村"家庭、集体、合作组织、政府"多元供水主体并存现状也不适应快速市场化的要求。加之城市居民居住集中，供水

---

① "等值化"是德国城乡一体化发展中提出来的，强调城乡居民在生活上获得的满足感相同；用在水利建设中，笔者强调的是城乡居民不同的水利服务需求都得到了满足，城乡居民给予的评价是相同的。

及服务成本低；而云南农村居民居住分散，供水及服务成本高，城市公司化运作模式无法在农村复制，自来水公司无法实现自负盈亏。因此，云南城乡一体化水利发展不是城市水利服务模式对农村的植入，但在条件允许的地方，应当逐渐把城市水利服务模式向农村延伸。

三是城乡一体化水利发展也不是农村水利投资模式对城市的植入。城乡二元结构在水利发展上集中体现在城市以政府为主体的供给模式与农村以集体或自我供给为主的模式之间的差异。在云南水利投资需求大、增长迅速的背景下，有人会认为城乡一体化水利发展应当引入农村受益者参与投资的模式。事实上，城乡一体化水利发展有一个指向，即政府为主的水利服务和供给模式。随着我国经济实力的增加，以政府为主的水利公共产品及服务供给将成为主导模式，因此，农村以集体和自我供给为主的模式只是实现城乡一体化水利发展的现实选择之一。现阶段，这种模式是解决农村水利发展的重要途径，但从长远看，"政府主导、市场主体"将成为发展的方向，所以，城乡一体化水利发展也不是农村水利投资模式对城市的植入。

在讨论云南城乡一体化水利发展中，三大现实基础不容回避。一是地形地貌限制，大中型水利发展受制约。一般来讲，大中型水利对区域内城乡居民生产生活的保障功能大于小水利，因此，大中型水利应是城乡一体化水利发展格局下云南水利发展的重点。但云南特殊的地形及土地资源制约了大中型水利的发展。二是城镇化发展对农村水利发展的带动能力不足。从城市规模来看，云南大中城市数量偏少，城市聚集效应不明显，城市水利发展对农村水利发展的带动作用不足。人口上百万的特大城市仅有昆明，50万以上的大城市仅有曲靖，其他州市政府所在地城市人口多集中在20万到50万之间。在这样的城市格局下，仅有以昆明为中心的"牛栏江引水"工程对农村水利发展具有较大的带动作用，其他大中小城市水利发展对农村水利的带动作用不强。从城市化水平来看，自2011年以来，每年农转城人数达到150万以上，按照城乡居民比计算城镇化率的背景下，城镇化率迅速提高，但这种城镇化给农村水利发展带来的是负面影响。转城农民大部分是农村精英，水利投资能力较强，城镇化导致农村精英外流，农民自我筹集资金发展水利的基础受到削弱，水利发展受到影响。三是贫困问题突出，农村水利自我发展能力较弱。贫困人口集中居住在山区、半山区，水利发展基础较差，加之自我发展能力弱，实现与城市一体化发展的难度极大。

正是在这样的背景下，云南农村水利发展必须坚持"抓大不放小，小水利优先"的发展战略。一方面，对地形、水资源允许发展大中型水利的地方，通过改扩建原有水利基础设施，或新建水利基础设施，发展大中型水利，充分发挥大中型水利覆盖面广、带动能力强的优势。另一方面，坚持小水利优先的发展思路，充分发挥小水利建设成本低、地形和水资源要求低的优势。

同时，实施农村、山区、贫困地区优先发展战略。从农村、山区、贫困地区水利发展基础薄弱，水利自我发展能力不足的现实出发，实施农村、山区、贫困地区水利优先发展战略。在全省水利发展中，城市水利辐射网络内，积极探索城乡一体的水利发展思路，实现以城带乡目标；而在广大山区、半山区，配合"中心村"水利建设思路，优先考虑农村贫困山区水利发展。

最后，探索城乡一体的水利基础设施建设思路。在条件允许的地方，逐步推进城乡一体化水利基础设施建设，即逐步将农村水利基础设施纳入城市水利基础设施建设体系，统筹考虑城乡蓄水、供水、污水处理、水资源再生利用等基础设施建设。鉴于昆明缺水、水体污染严重的现实，以及昆明市水利建设投资能力全省最高的现实，应当在昆明率先推进城乡一体的水利基础设施建设试点，做好城乡蓄水、供水、污水处理、水资源再生利用基础设施建设规划，在昆明探索和实践"全域治污"及"全域建设"的水利发展新模式。

在云南农村水利建设向城乡一体化方向发展的同时，云南农村干旱治理的方向也是城乡一体化。可以说，目前云南农村抗旱能力不足的一个重要原因是城乡抗旱体系分割，城市抗旱以政府为主，城市居民受到干旱的影响主要表现在供水不足；城市工业受旱影响主要表现在供水不足背景下开工不足。而农村抗旱以农民参与为主，政府和其他社会力量起到支持的作用，在全省经济社会发展一体化格局初步形成的背景下，迫切需要加快城乡一体的干旱治理机制建设。笔者把干旱治理从水利发展中独立出来讨论，原因在于干旱治理所要求的城乡一体化与水利发展存在较大差别。我们知道，城乡一体化的水利发展目标，是为城乡居民提供均等的水利服务。但城乡一体化的干旱治理机制追求的不是为城乡居民提供均等的抗旱服务，而是强调城市抗旱措施对农村抗旱的支持，主要体现在四个方面。

一是水资源支持。城市用水主要来自于农村，前提是农村水资源丰富，但在干旱发生时，农村水资源短缺。从理论上讲，农村已无力再向城市提供水资源，但我们为了保障城市居民的生活、生产活动不受到影响，往往提倡先保城市饮水的策略，而忽视农村供水短缺的现实。由于城市供水系统的封闭性，即城市供水从蓄水设施、输送设施、用水到污水处理等设施的相对封闭性，使得农村水资源流向城市后，无法再回流农村，加之农民无法从城市供水体系中获得供水，干旱年份农村水资源短缺现象加剧。因此，城乡一体的抗旱机制，要求城市在水资源上对农村给予支持。一方面，开放相对封闭的供水系统，当干旱发生时，城乡居民共享有限的水资源；另一方面，搭建城市水资源回流农村的平台及渠道，使经过处理后的城市用水能够回流农村，形成水资源的合理循环流动，补充本已短缺的水资源；此外，要求降低城市用水，在干旱时期，号召城市居民、工业企业、各种单位降低日常用水，降低从农村抽取的水资源量。

二是抗旱资金支持。"水资源国有、使用付费"已经成为市场经济下我国水利服务的基础性机制，既然遵循市场机制，那么"物以稀为贵"就应当成为水利服务和水资源收费的一个参考，当干旱发生时，水资源收费因资源短缺而提高价格应当成为一种长效机制。即干旱时期提高城市居民用水价格应当成为一种长效机制，并且随着干旱程度的加剧，价格逐步提高。同时，因为水资源短缺，超额用水将对社会产生负面影响，实行由低到高的阶梯水价，提高用水大户用水价格也应当成为一种长效机制。那么提高的水价应当用于何处呢，因为水资源来自农村，理所当然用于农村抗旱。这就是城市对农村干旱治理的资金支持。

三是社会力量支持。社会力量的支持是从道义的角度对城市提出的要求。从道义上讲，农村旱灾发生时，全社会都应当伸出援手，帮助自救能力弱的农村及农村中的弱势群体，如农村学校。社会力量的支持可以是人力、物力、资金等方面的支持，可以到农村参与抗旱，为农民送水；也可以捐赠抗旱物资、设备，同时可以捐资等。

四是农产品价格支持。农产品价格支持主要是说干旱时期农业生产成本增加，适当提高农产品价格有助于提高农民农业生产积极性。一方面能够保证土地不抛荒；另一方面，能够确保区域性农产品有效供给。这一支持机制的建立需要地方政府的支持，一方面，政府可通过制定保护价制度，通过政府购买后再出售给城市居民。另一方面，政府可通过价格补贴，直接补贴农业生产者。

总之，在城乡水利发展一体化的背景下，应当从城乡一体化的视角来审视云南农村干旱治理，但城乡一体化的干旱治理有区别于城乡一体化水利建设的内容。城乡一体的干旱治理，尤其强调水资源的区域共有，水资源的合理分配。同时，更加强调城市封闭的水利基础设施及服务体系对农村的开放。并希望通过市场的调节，形成城乡居民共同抗旱的格局。

（三）云南农村干旱治理需要强调公平

社会公平是云南农村干旱治理追求的目标之一，要求我们在价值理念上强调农村居民拥有平等地获得水利服务的权利，均等地利用水资源来发展生产的资格，这也是为什么在云南农村干旱治理中要求城市供水系统向农村开放的重要原因。而在实践中，追求的是农村居民拥有政府和社会提供的均等的水利公共服务和抗旱服务。在均等的公共服务背后，还强调农村居民在水利建设与抗旱中的机会公平、规则公平、结果公平。在目前云南农村社会阶层分化、水利建设与抗旱成本差异大的背景下，更加强调不同主体最终能够获得的水利服务与抗旱服务的均等。

目前，云南农村水利建设与干旱治理存在的一个主要问题是政府财政投入过度强调机会均等，并由此导致不同阶层、不同建设成本地区水利发展的结果不公平。现阶段，中小水利工程、户用水利设施等激励补助都强调机会公平，但由于参与水利项目投入的主体包括地方政府、农民投入能力差异较大，因此，公平的机会对贫困地区的政府、贫困人群来说仍然是一种不公平，因为贫困地区、贫困人群投入能力弱，在相同条件下，无法和其他地区、其他人群公平地享受水利优惠政策。与此类似，中小水利工程、户用水利工程的激励补助都强调补助均等，但由于不同水利项目实施的条件差异较大，相同类型的水利基础设施一些地方建设成本低，一些地方建设成本高。在这样的背景下，不同地方的投资主体承担的投资负担是不一样的，成本越高的地方，地方政府及农民投资负担越重。在这样的背景下，机会公平往往导致结果的不公平。而在空心化越来越严重的背景下，留守农民与进城打工农民之间存在严重的不公平。面对这样的问题，必须尽快建立结果公平为导向的政府财政投资机制，促进水利服务和干旱治理的公平性。

（四）云南农村干旱治理需要充分发挥不同主体的功能

云南农村干旱治理实质上是各主体履行自己的职责，充分发挥各自功能，共同推进水利事业和干旱治理的过程。从这个角度讲，目前云南农村干旱治理中存在的诸多问题，一方面是由于投入不足造成的，而更重要的一方面是因主体功能发挥不充分所造成的。因此，从主体的角度出发，明确不同主体在水利建设与干旱治理中的功能及任务，是完善云南农村干旱治理机制的首要任务。

在云南农村干旱治理中，一方面，必须创新水利建设与管理机制，努力形成"政府主导、农民主体、社会参与"的水利建设与管理格局。另一方面，需要进一步明确：政府主导是水利建设投入上的主导，而不是具体工程、具体管理方面的主导。政府主导还在于充分发挥政府宏观调控功能，为云南农村干旱治理创造一个良好的政策环境，发挥农民和其他社会力量的主体功能。除对区域性经济社会具有重大影响的大中型水利设施外，尽量由农民和其他社会力量来管理和维护。在此，农民主体体现的是农民作为"受益人、决策者、行动者"的角色来参与水利建设；而其他社会力量的参与更多是市场投入与回报、效率优先下的市场主体对水利建设与管理的参与，也有社会责任与义务角度开展的参与。

在这个过程中，云南农村干旱治理主体各自承担的功能和作用是不同的，政府面对的是本级政府范围内的整个农村，其职责更强调人群、区域之间的水利公平发展，因此，推进城乡均等的水利服务和抗旱服务就成为政府之责。而"村两委"面对的只是一个村庄，其职责是带领村民完成集体水利设施的自我管理、自我服务的功能，其解决的水利问题是村庄内部，以及村庄与其他村庄之间的水利发展问题。同时，村委会具有协助政府完成水利管理的功能。社会力量则不同，社会主体以企业为代表是从投资收益角度出发来参与水利建设与干旱治理，其涉及的主要是业务范围内、与自身利益相关的水利服务，涉及人群不大。部分社会力量如社会团体是从自身的职能及使命出发来参与水利服务和干旱治理的，涉及人群较小。

目前，在云南农村水利与干旱治理中，农民主体的形式发生了变化，出现了以用水户协会为主的组织型主体。在目前的水利建设与管理框架下，以其专业性及正式组织的契约性，在农村水利建设和管理中具有优越于农民个体及其他主体的一面。农民用水户协会通过章程，确立了用水户协会内部成员之间用水、付费、收益方面的制度，一经确立，就具有一定的强制性，解决了部分村庄水费收取难、水资源管理难的问题。

进一步分析可以发现，如果按照这样的逻辑对云南农村水利与干旱治理主体的职责进行划分，政府主要处理的是农村普遍性的水利公共事务；"村两委"解决的是普遍性水利事务中涉及本村的事务，以及村庄的特殊性水利事务，即与村民利益直接相关的水利事业。农民用水户协会是在一定的共同水利发展需求基础上形成的，其解决的是部分人，即组织成员特殊的水利发展需求问题。

因此，政府在云南农村水利与干旱治理中负责的应当是大中型水利基础设施的建设与管理、农村普遍存在的小水利的激励性投资，以及与水利相关的生态建设。而"村两委"负责的应当是协助政府完成普遍存在的小水利的建设与管理任务。而农民用水户协会应当负责组织解决成员共同的水利发展需求，以及与其他村民之间的水利纠纷协调。

在云南农村水利与干旱治理中，从主体功能出发来理清不同主体的功能及任务是加快水利建设步伐和提高抗旱能力的一种思路。与此相对应，加快云南农村水利与干旱治理步伐的另一种思路，就是从水利建设主体指向的客体即水利公共事务出发来探讨水利建设与干旱治理。换句话说，配合主体功能的划分，还需要进行水利事务的划分，否则，水利建设与管理主体在水利建设与管理中的功能指向仍然是模糊的，主体功能的发挥必然受到影响。

从目前来看，要进一步理清云南农村水利事务的类型，可以结合主体功能及主体管理的边界来划分，将水利公共事务分为政府管理的水利事务、社会自主管理的水利事务、政府与社会共管的混合水利事务。在此基础上，需要对混合水利事务进行划分，以明确谁占的地位重。我们知道，目前除了大中型水利项目外，其他的水利项目都可以说是混合水利事务，即他们的建设与管理需要政府与社会合作来完成。在云南农村水利与干旱治理中，小水利的建设与管理最明显。只有明确不同主体在水利建设与干旱治理中的地位及作用，以及不同水利事业的承担主体，充分发挥不同主体的功能，云南农村水利建设与干旱治理才能形成"各领其职，各负其责"的局面，水利建设与干旱治理才能取得较快发展。

当前，还需进一步强化政府在干旱治理中的作用。干旱作为一种自然灾害，其带给农民的损失无法通过市场的方式来弥补，必须通过政府的宏观调控来解决，因此，干旱治理成为政府公共服务的重要内容之一。在市场经济逐渐完善的今天，虽然市场手段在干旱治理中发挥着较大的作用，但是，市场化资源配置向利润高的部门和地区集中的基本机制必然导致干旱治理的非均衡化。无论市场如何完善，都无法实现干旱治理的均等化，如干旱时期水资源分配向价格高的地区、产业、人群倾斜，导致水资源配置的不均等。所以，从公共服务均等化的角度讲，必须强化政府的作用，以实现干旱治理的均等化。

而从公共产品供给的角度讲，农村干旱治理是带有较强公益性的农村公共产品及服务，大中型水利纯公共产品的属性较突出，而小型水利的准公共产品属性要突出一些，户用水利设施带有较强的私人产品属性。但如果从农村土地等资源的集体所有性质出发，农户对户用水利设施建设用地仅有使用权，没有所有权。从这个角度讲，户用水利设施也带有准公共产品属性。换句话说，农村水利具有公共产品的属性，是政府公共产品和公共服务的重要内容，因此需要强化政府的作用。

（五）云南农村干旱治理要直面空心化带来的挑战

在城乡分割，城市工业和服务业的产业聚集效应下，云南农村大批的农村精英、农村劳动力向城镇转移，进而导致农村人口空心化。在新型城镇化战略推动下，城乡间"两栖居民"将逐渐减少，部分进城农民将成为永久的城镇居民，农村人口空心化形势将更加严峻，短期内会对农村经济社会结构产生重要的影响。目前，云南农村区域性人口空心化形势严峻，已经成为影响农村经济社会发展的主要因素。按照外出打工情况来看，2013年云南外出打工人数为611.7万，扣除县内打工人数 181.2 万人，云南农村在县外打工人数占总劳动力数（2334.8 万）的 13.77%。假定县内打工不会造成农村人口空心化，只有县外打工才造成农村人口空心化，那么昆明市、昭通市、曲靖市、玉溪市、保山市、丽江市、普洱市、临沧市、文山州、红河州、西双版纳州、楚雄州、大理州、德宏州、怒江州、迪庆州农村人口空心化率分别为 10.20%、30.15%、15.77%、6.48%、9.41%、13.73%、6.02%、10.47%、18.72%、7.91%、1.94%、15.91%、11.42%、6.87%、6.69%、6.67%。云南农村空心化率达到 10% 以上的有昆明、昭通、曲靖、丽江、临沧、文山、楚雄、大理 8 个州（市）；达到 15% 以上的有昭通、曲靖、文山、楚雄四个州（市）。这些州市中除了临沧、丽江以外，都是云南干旱发生率高的地区。随着云南新型城镇化步伐的加快，农村人口空心化将更加严重，必将对云南农村干旱治理产生重大影响。因此，建立适应农村人口空心化的干旱治理机制成为一种必然选择。

直面云南农村人口空心化，我们必须看到，在农村人口空心化严重的村庄，由于缺少维护水利基础设施的青壮年劳动力、农民投资积极性低等问题，农村干旱治理陷入了困境，因此，需要政府加大资源投入，加快这些村庄的水利发展，以应对人口空心化给干旱治理带来的影响。但从另一个角度讲，在人口空心化严重的村庄，在全国各地及云南省农民市民化优惠政策的推动下，大部分外出打工子女已不可能再回到村庄从事农业生产，并在村庄生活。再过 10 年、20 年、30 年后，现在的一些"空心村"可能变成没有人居住的"无人村"。面对这样的现实，加大人口空心化严重的村庄水利基础设施建设，无疑是一种潜在的浪费。这使云南农村干旱治理的长远战略陷入了一个困境——提高空心村抗旱能力需要加大水利基础设施建设力度，但所有的投入可能是一种潜在的浪费。

空心村干旱治理的困境既是云南农村干旱治理面临的问题，同时也为云南农村干旱治理机制创新提供了新的机遇。抓住空心村带来的机遇，云南农村水利建设与干旱治理应当尝试大村庄、大社区战略，努力做好三个方面的工作。

一是创新农村水利建设与发展机制，加快中心村水利建设与发展步伐。面对越来越严重的人口空心化问题，应积极探索加快中心村水利建设战略，加快人口聚集的中心村水利建设步伐，以中心村辐射带动周围"空心村"的水利发展。

二是探索空心村政府购买水利服务机制，将目前政府投入送水的资金用来聘请邻近村庄青壮年劳力蓄水。

三是探索建立"空心村"结对帮扶制度。通过政府引导，建立相邻"空心村"结对帮扶制度，将距离在2公里以内的村庄确定为结对帮扶村，并将目前用于蓄水补助和水利基础设施建设激励的部分经费用来鼓励结对帮扶行为，通过组织动员结对帮扶村中青壮年劳动力参与水资源存蓄、水利基础设施建设，促进"空心村"水利发展。

二、研究发现

（一）人为因素是干旱形成的重要原因

通过对云南农村干旱治理的系统研究发现，干旱起因于降水减少或降水少，但降水减少并非干旱形成的唯一原因，还包括地形、地质等自然因素导致的水资源开发利用困难，水利基础设施建设不足导致的水资源利用率低。而更重要的原因是人类经济社会活动及对水资源需求的无限扩大。

从经济社会活动来看，在现代工业社会，人口数量庞大，工业、农业、生活、环境用水成为人类索取水资源的基本组成部分，初步估算，工业占17%、农业占72%、生活占8%、环境占3%。在传统农业社会，由于人口稀少，人类生活水平低，用水较少，基本没有工业用水，农业占比达到90%以上，环境占比不足1%，生活占比不足5%。从中可以看出，随着人类经济社会的发展，对水的需求面越来越广，用水量也越来越大。由此来看，人类经济社会活动是干旱形成的重要原因之一。随着人类经济社会的发展，经济活动对水的需求面更广、需求量更大，经济社会干旱将成为一种常态。即使区域性水资源相对丰富，但在人类经济活动对水的需求的无限扩大的背景下仍然相对不足。所以，从长远看，即使未出现气象干旱、水文干旱，但农业干旱、经济社会干旱仍然会出现，到时，人类活动就是干旱的主要原因。

目前来看，人类经济社会活动不仅导致用水与供水的相对紧张，而且对水资源的质量造成了巨大的破坏即水污染，并由此导致水资源丰富与相对短缺并存，水资源丰富但不可用而导致相对短缺。工业、农业、居民生活构成了水污染的基本组成部分。一般来说，工业对水的污染大于农业，居民生活污染没有工业和农业大。因此，工农业聚集、人口密度大的地区对水的污染大于工农业聚集程度低、人口密度小的地区。所以，城郊水污染严重，农村地区水污染较轻。正是因为这样的问题，在资源性缺水、工程性缺水之外，水质性缺水逐渐成为干旱的重要原因。如果不对人类的经济活动加以限制，任由其对水资源进行污染，那么即使没有资源性缺水、工程性缺水，水质性缺水也将使人类陷入干旱。

可以说，人为因素已经成为干旱的重要原因，要做好干旱治理，必须对人类的活动加以规范，以降低人类活动诱发干旱的机率。否则，再多的水也经不起人类浪费。因此，加强农村干旱治理，必须对农业生产用水、农民生活用水、农村工业加以规范，一方面，通过节水技术在农业、工业上的应用，降低农业和工业用水，通过节水措施在生活上的应用，降低生活用水。另一方面，加强对农业、工业、生活用水污染的治理，改善农村水资源的质量，降低水质性缺水发生的机率。一句话，治旱之道在于治人，在于形成节约、低污染的人类用水方式。

（二）干旱不只是水利问题

干旱是经济社会发展中水分短缺问题，是水利公共产品供给不足的问题，它不只是一个水利问题，更重要的是公共服务方面的问题，更是经济社会发展中的一块短板。

从公共服务方面讲，干旱实质是政府和社会的水利公共服务供给不均衡，并由此导致时空性服务不足的问题。政府和社会水利公共服务不均衡的原因主要有两方面：一是水资源太少，无法满足公共服务的需求。也就是说，如果一个地区水资源极其稀少，政府和社会公共服务做得再好，仍然会出现干旱问题。二是政府和社会公共服务不足，表现为服务覆盖面小、服务时间短、服务供给上的不均衡。也就是说即使一个地方水资源相对丰富，但因为政府和社会的公共服务跟不上，仍然会出现干旱问题，导致部分行业、部分人群水资源短缺。从我国地区分布看，常年水资源短缺是造成北方、西北干旱的主要原因，而西南地区有时也会出现水资源短缺，但从长期来看，公共服务供给不足才是主要原因。此外，每当大旱来临时，城市居民用水短缺，但未出现饮水困难；而农村干旱发生时，人畜饮水困难最典型，也从侧面反映出政府水利服务在城乡之间的不均衡，并由此导致农村干旱加重。

从经济方面讲，干旱实质是经济发展中作为生产资料的水资源供给不足，导致工业开工不足，农业无法正常生产。即水资源作为天然生产资料或经人工开发后的生产资料供给不足，导致经济发展受到影响。从现实来看，天然水资源短缺是经济发展中水作为生产资料供给不足的基础性原因，而更重要的是人工开发不足导致的供给不足，尤其是在云南这样的水资源大省。究其原因，水资源开发利用受到地理环境的制约，开发难度较大；同时，国家从水利服务的基础性公共产品角度出发，制定了低价制度，水资源开发投入大，回报少，市场主体投入少，所以，在政府为主的开发格局下，水利服务供给不足。

进一步讲，干旱虽然以水利问题为直接表现，但在水资源相对丰富的地区，实质是一个经济社会发展问题。因此，要实现区域性经济社会协调发展，一方面可以强化政府水利公共服务职能；另一方面可以引入市场机制，放开水资源开发利用市场，让市场主体以市场机制来参与水利服务，丰富水利产品。两个方面必须同时推进，让市场主体参与投资回报高的行业或地区水利服务，强化政府在投资回报低的行业或地区的水利服务。农村总体上属于水利投资回报收益低的地区，所以，必须强化政府的水利服务,否则政府服务不足,市场主体不愿投资,农村将因公共服务供给不足而非水资源短缺陷入干旱。

(三) 应对干旱应当引入治理理念

农村干旱形成的原因较复杂,既有水资源短缺的自然原因,也有人为的因素;既有技术和硬件设施方面的原因,也有文化和软件设施方面如水资源分配机制方面的原因。同时,农村干旱的影响也是多元化的,直接的影响是农业生产、农民生活用水,间接影响到农村社会结构的变迁。此外,应对农村干旱的措施也具有多方面的作用,主要作用是缓解干旱带来的经济损失和社会秩序混乱,在正面作用的背后,应对农村干旱的措施可能会引起新的社会问题,如社会公平、农村人口结构变化等问题。最后,农村干旱导致的利益损失群体也是多元的,农民不是唯一的群体,农业不是唯一的行业。农村干旱将导致基本农产品供给不足,影响整个社会的发展秩序,导致社会混乱,影响政府社会治理的基础;农业干旱将影响以农产品为原材料的工业。所以,应对农村干旱应当引入治理理念。

引入治理理念,首先强调主体的多元化。农村干旱治理主体不仅包括农民,还包括政府、企业、社会团体,以及城市居民,这些群体是干旱治理中的相关利益群体,一方面,他们会因为干旱而利益受损;另一方面,他们也会因为干旱治理而实现利益增长。从利益增长方面讲,政府将拥有一个良好的治理环境和社会基础;企业尤其是以农产品为原料的将获得源源不断的原材料供应;各种社会团体将在履行社会责任的过程中获得更高的声誉;城市居民将因农产品的有效供给而维持低生活成本。

其次强调治理过程中的沟通、协调与合作。在多元主体共治的背景下,农村干旱治理过程应强调沟通、协调与合作,一方面,摒除行政命令式的动员机制,强化各主体的自愿参与。另一方面,因为主体多元,因此必须强调沟通、协调与合作,这样才能整合全社会的力量,共同应对干旱;否则各主体各自为政,资源和力量分散,再努力效果也不会好。所以,在农村干旱治理中引入治理理念，应当强调治理过程的沟通、协调与合作。

最后强调公共利益的最大化。农村干旱不只是一个水利问题，还是经济社会问题。因此，在应对干旱的过程中，必须实现水利、经济、社会等各方面利益的增长，而不应简单强调水利或经济方面的利益增长。所以，在每一项干旱治理措施出台的时候，必须对其引起的负面影响进行评估，如果一项措施在经济方面的正面作用大，其他方面包括水利、社会方面的影响小，可以实施。但如果一项措施虽然在经济方面的作用大，但其他方面的负面影响也大，就应当慎重选择，否则干旱治理措施实施后的挽救成本太高。如在干旱时期鼓励农民外出打工，如果农民外出比例过大，农村空心化严重，将导致水利发展困难，并加重干旱的影响；同时造成农田抛荒严重，区域性农产品供给不足，物价上涨，农民生活受到影响；并因此加重政府抗旱负担，为自救能力弱的留守老人、儿童提供基本的水利服务。

在治理理念下，农村干旱治理作为一个全社会共同参与的过程，其手段和技术的综合性特征较突出。干旱治理是旱灾发生之前、干旱发生时，及干旱发生之后各种主体为缓解缺水导致的生产秩序、生活秩序混乱而采取相应措施共同应对干旱的过程。也就是说，干旱治理主体从干旱发生的规律出发，在干旱发生之前就已采取相应的措施。而在干旱发生时，又采取积极的措施如寻找新水源、调整农业种植结构等，以及节约用水之类的消极手段来缓解干旱的负面影响。正因为如此，农村干旱治理是一个综合性的管理过程。

在这个过程中，首先必须在事前就采取积极的行动，以提高抵御干旱的硬件基础，就是加强水利基础设施建设及物资储备，在这个环节，就涉及到如何筹集资源，即通常所说的资金如何来、劳动力如何动员等。此外，改善生态，以提高生态环境的蓄水保水能力，降低干旱发生率。其次，当干旱发生时，一方面，必须通过开源和节流措施，缓解水资源短缺的现实问题；同时，也可以通过水资源的合理分配，来缓解区域性水资源短缺问题。另一方面，还必须从公共产品供给的角度出发，为部分弱势群体提供必要的帮助，如在干旱时期优先保障学校供水，为无自救能力的孤寡老人送水等。此外，还必须采取有效的抗旱技术手段，如生物抗旱、种植技术抗旱等来提高农作物抗旱能力。最后，在干旱过后，还必须对干旱造成的水利设施破坏进行修复，以预防下一次干旱的侵袭。同时，还必须对干旱时期采取的一些措施带来的负面影响进行积极的补救，如干旱时期采取劳动力转移政策导致的耕地荒芜问题，以及对干旱造成的土质粘合度降低可能存在的地质问题进行提前预防等等。

总之，农村干旱的影响面广，涉及的相关利益群体较多，应当适时引入治理理念，从多元化主体、沟通、协调与合作手段、公共利益最大化三方面确立干旱治理的基本框架，通过干旱治理，实现干旱时期区域公共利益最大化。

（四）农村干旱治理应强调软件支持体系建设

透过对云南农村干旱治理的系统研究可以发现，农村干旱治理不但要强调基础设施方面的硬件建设，更应当强调软件支撑体系方面的建设。

一方面，应当强调节水技术和节水文化推广。节水技术主要强调生产生活中节水措施的应用，如农业生产中节水灌溉技术的应用，生活过程中水资源的分类节约利用。而节水技术最难的还在水资源的循环利用，如果在农村干旱时期能够实现水资源的循环利用，那将使相对短缺的水资源变得丰富，提高水资源的保障能力。节水文化主要强调生产生活中节水意识和节水行为的推广，即让广大社会成员形成一种无意识的节水意识，并将这种节水意识应用到生产生活中。节水文化是节水技术应用的基础，在节水文化支撑下，节水技术将是人类生产活动的首选，将得到更有效的推广。

另一方面，应当强调水资源的合理调度与分配。在全社会节水技术推广不足，节水文化建设滞后的背景下，更应当强调水资源的合理调度与分配，通过对水资源的分配来强制性推动节水文化的形成。这就要求政府从节约用水、科学用水的角度出发，在干旱期间按照人口数和实际需求，合理分配水资源，避免有限水资源分配不公平，一些地方分配多，一些地方分配少，从而加剧干旱时期水资源分配不均。实现干旱时期水资源分配公平，能够使社会形成水资源短缺的普遍共识，从而形成全社会节水的意识和文化，有助于节水型社会的形成。

总之，农村干旱治理不仅要强调硬件基础设施建设，提高水资源开发利用率，还应当强化软件建设，确保有限水资源的合理利用、科学利用，推动节水型社会建设。

（五）农村干旱治理需要坚持一些基本原则

农村干旱治理是促进区域公共利益最大化的一个干旱管理过程。在这个过程中，需要坚持两大基本原则。

一是不能损害国家利益。干旱对农民生活和农业生产造成的影响最大，因此，干旱治理的主要目的就是降低干旱对农民生活和生产的影响。这一问题的实质是农民的生存与经济收入问题，直接表现是干旱时期农民饮水困难和失业。在实践中，解决这一问题的主要措施是让农民进入水资源供给相对充裕，经济收入更高的区域即城市生活和工作。因此，劳动力转移成为大部分地区抗旱的主要措施。农民大量进入城市生活和工作，必然加剧农村空心化，导致农田抛荒，影响农产品有效供给，进而导致农产品价格上涨，这与国家在农村的利益有一定的冲突。国家不仅要实现农村的繁荣，而且需要保证农产品有效供给。所以，在农村干旱治理中，不能盲目推动劳动力转移。应从国家促进农村繁荣，实现农产品有效供给的角度出发，对干旱的影响进行合理的评估。一方面，如果干旱对农业的影响不大，应以强化农业抗旱为主，帮助农民缓解干旱对农业的影响。如果干旱对农业造成的影响较大，但农村水资源供给仍然可以满足养殖业的发展需求，可以通过扶持养殖业的发展来弥补干旱对农业（种植业）的影响。另一方面，只有当干旱对农业造成无可挽回的损失，包括种植业和畜牧业等时，才能采取劳动力转移的策略。

二是不能影响社会公平。农村干旱治理作为政府公共服务的重要内容，必须坚持从社会公平的角度出发来制定措施。由于农村区域发展不平衡，所以，干旱治理的措施应在坚持机会平等、过程平等的同时，重点强调结果平等。因为农村不同地区、不同人群的能力差异较大，机会平等、过程平等难以实现真正的平等。所以，农村干旱治理的措施一方面需要强调机会平等，制定面向所有农村居民及法人平等开放的水利建设与干旱治理政策；另一方面需要制定向弱者倾斜的水利建设与干旱治理支持政策。

参考文献

著作

[1] 崔江红著:《城乡一体化视角下的云南新农村建设实践研究》,中国书籍出版社,2011年。

[2] 崔江红著:《云南农村社会管理创新研究》,中国书籍出版社,2013年。

[3] 刀国栋著:《傣泐》,云南出版集团公司云南美术出版社,2007年。

[4] 黄锡生:《水权制度研究》,科学出版社,2005年。

[5] 蒋太明主编:《山区旱地农业抗旱技术》,贵州出版集团、贵州科技出版社,2011年。

[6] 全球治理委员会:《我们的全球伙伴关系》(Our Global Neighborhood),牛津大学出版社,1995年。

[7] 水利部水利水电规划设计总院主编:《中国抗旱战略研究》,中国水利水电出版社,2008年11月出版,前言。

[8] 云南省地方志编纂委员会、云南人民出版社:《云南省志卷三十八水利志》,云南人民出版社,1998年。

[9] 云南省统计局、国家统计局云南调查总队:《云南统计年鉴2011》,中国统计出版社,2011年。

[10] 张强、潘学标、马柱国等编著:《干旱》,气象出版社,2009年。

论文

[1] 陈辉、熊春文：《社会公平：概念再辨析》，《探索》，2011年第4期。

[2] 崔建远：《水权与民法理论及物权法典的制定》，《法学研究》，2002年第3期。

[3] 崔江红：《加强云南农村抗旱经验的总结运用》，《云南日报》2012年3月23日第6版。

[4] 崔江红：《提高解决干旱带来的社会问题的能力》，《云南日报》2012年3月30日第7版。

[5] 崔江红：《提高抗旱服务体系的软件支撑能力》，《云南日报》2012年5月18日第7版。

[6] 崔江红：《云南农村抗旱问题及对策》，《中国防汛抗旱》，2012年第3期。

[7] 崔江红：《云南民生水利建设中的几个基本问题》，《中国水利》，2013年第8期。

[8] 崔江红：《城乡一体化视角下的云南农村水利建设问题及对策》，《中国水利》，2014年第5期。

[9] 崔江红：《提高云南农村抗旱能力研究》，《水利发展研究》，2014年第5期。

[10] 邓泉兴：《资溪县农田水利基本建设情况调研》，《水利发展研究》，2010年第11期。

[11] 第六专题调研组：《关于完善生产建设项目水土保持补偿费制度的几点认识》，《水利发展研究》，2008年第4期。

[12] 樊晶晶：《论取水权的物权化》，《广西政法干部管理学院学报》，2009年第4期。

[13] 范恒山：《关于深化水利改革的几点思考》，《水利发展研究》，2008年第12期。

[14] 冯广志：《完善农业水价形成机制若干问题的思考》，《水利发展研究》，2010年第8期。

［15］高镔：《关于深化水务体制改革推进水务一体化管理的调研报告》，《水利发展研究》，2010 年第 8 期。

［16］高伯发、蒋红星：《森林与水，一个引人深思的话题》，《中国林业》，1998 年第 11 期。

［17］高振福：《从锦州地区水资源的匮变看农业栽培环境的恶化》，《辽宁农业科学》，1984 年第 1 期。

［18］高立士：《傣族的水崇拜与水文化》，《版纳》，2006 年第 3 期。

［19］顾学明、李宗新：《论水文化的主要功能》，《水利发展研究》，2010 年第 2 期。

［20］关涛：《民法中的水权制度》，《烟台大学学报》，2002 年第 2 期。

［21］郭家骥：《西双版纳傣族的水信仰、水崇拜、水知识及相关用水习俗研究"》，《贵州民族研究》，2009 年第 3 期。

［22］韩东：《我国农民用水户协会的合法性初探》，《水利发展研究》，2008 年第 5 期。

［23］贺雪峰、郭亮：《农田水利的利益主体及其成本收益分析——以湖北省沙田县农田水利调查为基础》，《管理世界》，2010 年第 7 期。

［24］胡发平：《用水合作组织——农村水利改革发展的呼唤》，《水利发展研究》，2009 年第 5 期。

［25］胡德胜：《水人权：人权法上的水权》，《河北法学》，2006 年第 5 期。

［26］蒋和平、辛岭：《北方干旱对我国粮食生产的影响与抗旱对策》，《中国发展观察》，2009 年第 3 期。

［27］姜文来：《我国农业水价改革总体评价与展望》，《水利发展研究》，2011 年第 7 期。

［28］李计初：《创新管理机制 关注水利——访水利部财务经济司司长张红兵》，《中国水利》，2007 年第 24 期。

［29］李晶、钏玉秀、李伟：《基层水利改革和发展的困境与对策》，《水利发展研究》，2009 年第 8 期。

［30］李金鑫：《安徽省农村抗旱效益分析——基于柯布 - 道格拉斯生产函数的视角》，《农业经济》，2013 年第 4 期。

［31］李勤、张旺、庞靖鹏、王海锋、范卓玮：《水利建设利用贷款的经验、问题和对策》，《水利发展研究》，2011 年第 7 期。

［32］李宗新：《再论水文化的深刻内涵》，《水利发展研究》，2009 年第 7 期。

［33］林艺：《云南少数民族水文化与生态旅游》，《经济问题探索》，2006 年第 4 期。

［34］刘洪先：《加强基层水利建设、提高农村抗旱保障能力》，《水利发展研究》，2010 年第 7 期。

［35］刘书俊：《基于民法的水权思考》，《法学论坛》，2007 年第 4 期。

［36］刘卫平：《社会主义和谐社会与社会公平的关系及其实现》，《湖南科技学院学报》，2011 年第 7 期。

［37］柳长顺：《关于新时期我国农业水价综合改革的思考》，《水利发展研究》，2010 年第 12 期。

［38］柳长顺、张秋平：《关于深化水利工程管理体制改革的几点思考》，《水利发展研究》，2010 年第 8 期。

［39］罗明义、罗冬晖：《改革与发展："十一五"云南旅游发展特点与成效》，《旅游研究》，2011 年第 3 期。

［40］娄海东、夏芳：《对水权定义与内容的认识——一个分析框架的初步建立》，《水利发展研究》，2010 年第 2 期。

［41］倪文进：《强化农村水利建设与管理的思考》，《水利发展研究》，2010 年第 12 期。

［42］任丹丽：《论水权的性质》，《武汉理工大学学报》，2006 年第 3 期。

［43］秦钟、周兆德：《森林与水资源的可持续利用》，《热带农业科学》，2011 年第 3 期。

［44］屈志成、周伟、崔桂芬、陈艳丽、辛伟：《发展现代农业特别要注重发展现代水利》，《水利发展研究》，2010

年第 12 期。

[45] 王瑜、乔根平：《水利建设固定资产投资及效益分析》，《水利发展研究》，2008 年第 4 期。

[46] 宋学飞：《甘肃抗旱减灾与可持续发展》，《甘肃社会科学》，1999 年第 5 期。

[47] 万群志：《依托规划全面提升抗旱减灾综合能力》，《中国水利》，2013 年第 16 期。

[48] 王大全、楼豫红：《对当前农业水费的思考》，《水利发展研究》，2011 年第 7 期。

[49] 王海锋、张旺、庞靖鹏、李勤、范卓玮：《关于"十二五"时期水利改革与管理任务的若干思考》，《水利发展研究》，2011 年第 7 期。

[50] 王冠军：《农业水价改革面临新形势》，《水利发展研究》，2010 年第 12 期。

[51] 王世文：《创新投入机制，加快农田水利基本建设步伐》，《水利发展研究》，2009 年第 1 期。

[52] 王欣、高青峰、于丽新、阙志夏：《哈尔滨市农业抗旱选种技术初步研究》，《水利科技与经济》，2012 年第 12 期。

[53] 王治：《论水利的地位、属性和发展政策》，《水利发展研究》，2008 年第 12 期。

[54] 肖长伟、杜海文：《西藏基层水利服务体系建设路径选择》，《水利发展研究》，2011 年第 7 期。

[55] 杨良清：《发展水利 改善民生》，《中共乐山市委党校学报》（新论），2008 年第 2 期。

[56] 杨文圣、黄英：《论公平视域中政府社会管理的机制创新》，《云南行政学院学报》，2009 年第 5 期。

[57] 俞可平：《治理理论与中国行政改革（笔谈）——作为一种新政治分析框架的治理和善治理论》，《新视野》，2001 年第 5 期。

[58] 俞可平：《治理和善治引论》，《马克思主义与现

实》，1999 年第 5 期。

［59］张春娟：《农村"空心化"问题及对策研究》，《唯实》，2004 年第 4 期。

［60］周祝平：《中国农村人口空心化及其挑战》，《人口研究》，2008 年第 2 期。

［61］张晓静：《治水之本在于造林》，《林业经济问题》，2000 年第 2 期。

［62］张锐：《小水利织出山区大水网》，《云南日报》，2013 年 04 月 12 日第 2 版。

［63］张嘉涛：《关于建立健全公共财政为主导的水利投入新机制的研究》，《水利发展研究》，2011 年第 6 期。

［64］张家发：《基层水利管理创新是水利改革发展的重要内容》，《水利发展研究》，2011 年第 4 期。

［65］张丽茹：《当前农村水利现状与对策之管见》，《企业导报》，2011 年第 8 期。

［66］赵庆昱、杜菲、王宇：《林甸县旱灾成因分析及抗旱措施》，《水利科技与经济》，2009 年第 3 期。

［67］赵作枢：《灌区农业灌溉水价改革思考》，《水利发展研究》，2011 年第 7 期。

［68］郑鱼洪：《湖州市农村水利融资的现状与对策》，《水利发展研究》，2010 年第 11 期。

网络资料

［1］付奔：《云南近年旱灾频发 水量之少历史罕见》，云南水文水资源信息网，http：//www. ynswj. gov. cn/article_show. asp？ID = 3779。

［2］彭戈：《干旱"移民"之困》，《中国经营报》，2012 年 3 月 21 日,《中国民族宗教网》，http：//www. mzb. com. cn/html/report/288087 - 1. htm。

［3］李竞立、和光亚、王艺霏：《禄劝彝族苗族自治县 28

户干渴村民期盼搬家》,《云南日报》,云南网,http://special.yunnan.cn/2008page/society/html/2012-03/06/content_2078004.htm。

［4］李竞立：《昆明送水不漏一村一户一人》,云南网,http://society.yunnan.cn/html/2012-02/20/content_2051792.htm。

［5］王琳、章黎、李嫒池：《消防官兵送水来》,云南网,http://yn.yunnan.cn/html/2012-02/26/content_2063611.htm。

［6］伍晓阳：《乡水管站长抗旱送水忙》,新华网,http://news.xinhuanet.com/politics/2012-02/28/c_111578797.htm。

［7］杨雄武、赵彬、曹芸：《云南宾川群众采用滴灌技术大旱时节保住葡萄园》,网易新闻网,原载中国新闻网,http://news.163.com/10/0406/16/63JO2ID7000146BD.html。

［8］云南省防汛抗旱指挥部办公室：《省水利厅抗旱保供水工作情况》,云南省水利厅政府信息公开网站,http://lj.xxgk.yn.gov.cn/canton_model24/newsview.aspx?id=1860096。

［9］朱家吉：《4个月昆明白白淌掉18万方自来水》,云南网,http://yn.yunnan.cn/html/2013-04/24/content_2705489.htm。

［10］周运龙：《解放思想、开拓创新,全面深化水务管理体制改革——在全省深化水务改革工作现场会上的讲话》,2008年7月1日,云南省水利厅网,http://www.wcb.yn.gov.cn/ldzs/jh/1484.html。

［11］周婷：《昆明官渡一村小组长卖水发"旱财"》,云南网,http://www.yn.chinanews.com/pub/2012/yunnan_0222/42933.html。

后记

人类离不开水，体现在两个方面：一方面，人身体的三分之二由水构成，没有水，人就难以存活。人类的日常生活离不开水，洗脸、刷牙、洗澡离不开水；洗菜、做饭、煮菜离不开水，没有水，人将无法正常生活。也正因为如此，水的多少、水质的好坏不仅影响人的生活状况及质量，还影响到身体的健康状况、生命安全。另一方面，人类的经济活动离不开水，农业以水为生产资料，工业、服务业也离不开水。所以，人类与水有一种天然的不解之缘。水利要解决的问题就是水多与水少的问题。水多是防汛、防涝问题；水少就是干旱问题。在干旱治理理论下，解决水少的最好方式就是在解决水多带来的防涝问题时将多余的水留给水少时使用。

云南是一个水资源大省，但近年来，季节性、区域性干旱常态化的现实迫使我们更加重视农村干旱问题，并在实践中将抗旱推向干旱治理。云南农村干旱治理就是对水资源进行控制、调节、开发、利用和保护，以减轻和免除旱灾，并利用水资源满足农业生产用水和农民生活用水需要，最终，使广大农民能够与城市居民一样公平地享有取水、用水，及水利服务的权利。

在过去较长一段时间，云南的水资源优化配置大多是针对城市经济发展而进行的，水资源优化配置的最终目的是实现城市经济的高速发展。并没有统筹考虑城市外围乡镇、农村的建设，没有将实现城乡协调发展纳入水资源优化配置的目标中。用老百姓的话来说就是："水利设施的建设是嫌贫爱富的，城市建设多，农村建设少。"与土地资源、森林资源等相比，水资源是隐性资源，以往农民并没有认识到水资源被无偿挤占的问题。但是，近年来的特大干旱使得城乡用水不公平无限放大。一方面，这场百年不遇的旱灾给农民生产带来了重创；同时，农民生活受到较大影响，部分农民只能进城拉水。另一方面，干旱导致城区居民生活成本增加，但很多市民对干旱没有深刻感受，用水未有限制。与农民的用水困难相比，生活在城市里的人享受着他们独有的优越性，水资源分配中利益受损最大的是农民。云南农村干旱治理的目标就是要让每一个社会成员都能公平地享有取水、用水、受益等权利，就是以城乡一体化为目标。

目前，云南农村水利建设与干旱治理时逢大好的发展机遇。2011年中共中央、国务院《关于加快水利改革发展的决定》出台后，云南这样集边疆、民族、贫困、山区为一体的省份，农村民生水利发展迎来了新的大好时期。一方面，国家水利专项投入将大幅提高，并向云南这样的省份倾斜。另一方面，国家对云南桥头堡建设的支持，将极大地增加对水利投资的支持。此外，国家生态安全屏障建设将为云南农村水利发展提供强有力的保障。在这样的背景下，云南自身发展基础也在不断增强，财政收入快速提高，为水利建设与干旱治理提供了强有力的资金保障；农业现代化的快速发展将推动水利现代化。我们应当紧紧抓住这个大好机遇，加大农村干旱治理投入，提高农村抵御干旱的能力。

本书在对云南农村干旱趋势进行评价的基础上，分别探讨了水利投资、基础设施建设、服务体系建设、农业生产、森林生态建设对云南农村干旱治理的影响，从多个层面分析了云南农村干旱治理存在的问题，并探讨了解决的对策。由于个人学识有限，加之调查研究面窄，涉及内容不多。笔者只想通过个人粗浅的研究引出更多对云南农村干旱治理的研究成果，为省委、省政府决策提供参考，为减少农民因灾损失提供智力支持。

本书的调研是笔者参与多个项目过程中完成的，调研活动得到了项目经费的支持。同时，笔者的部分观点也来自于项目执行中与项目组其他成员的交流。在书稿完成之际，笔者向给予本书调研、写作予以帮助的所有人致以衷心的感谢。由于时间、能力有限，书稿难免存在不足之处，敬请广大读者批评指正。

作者
2015 年 10 月